北京华信恒远信息技术研究院 策划

高等学校自动识别技术系列教材

条码技术基础

中国物品编码中心　中国自动识别技术协会／编著

AUTOMATIC
IDENTIFY
TECHNOLOGY

武汉大学出版社

图书在版编目(CIP)数据

条码技术基础/中国物品编码中心,中国自动识别技术协会编著.
—武汉:武汉大学出版社,2008.1
高等学校自动识别技术系列教材
　ISBN 978-7-307-06024-1

Ⅰ.条…　Ⅱ.①中…　②中…　Ⅲ.条形码—高等学校—教材
Ⅳ.TP391.44

中国版本图书馆 CIP 数据核字(2007)第 179388 号

责任编辑:任　翔　　责任校对:刘　欣　　版式设计:詹锦玲

出版发行:武汉大学出版社　　(430072　武昌　珞珈山)
　　　　　(电子邮件:cbs22@whu.edu.cn　网址:www.wdp.com.cn)
印刷:湖北民政印刷厂
开本:720×1000　1/16　印张:14.875　字数:259 千字　插页:1　插表:1
版次:2008 年 1 月第 1 版　　2011 年 4 月第 3 次印刷
ISBN 978-7-307-06024-1/TP·284　　　定价:22.00 元

版权所有,不得翻印;凡购我社的图书,如有质量问题,请与当地图书销售部门联系调换。

丛书序言

今天，随着国民经济和科学技术的快速发展，条码已经成为全球通用的商务语言，无线射频技术正在应用于铁路、物流、邮政、公共安全、资产管理、物品追踪与定位等多个领域，以指纹识别技术为代表的生物识别技术开始在金融、公共安全等领域得到逐步推广，这一切都预示着自动识别技术的应用将大大促进我国各领域信息化水平的进一步提高。

20世纪80年代末期，条码技术开始在我国得到普及和推广。作为一种数据采集的标准化手段，通过对供应链中的制造商、批发商、分销商、零售商的信息进行统一编码和标识，为实现全球贸易及电子商务、现代物流、产品质量追溯等起到了重要作用。随着2003年中国"条码推进工程计划纲要"的提出和实施，条码技术已经开始涉及到国民经济的各个领域。

二十多年后的今天，以条码技术、射频识别技术、生物特征识别技术为主要代表的自动识别技术，在与计算机技术、通信技术、光电技术、互联网技术等高新技术集成的基础上，已经发展成为21世纪提高我国信息化建设水平，促进国际贸易流通，推进国民经济效益增长，改变人们生活品质，提高人们工作效率，获得舒适便利服务的有利工具和手段。

为推动中国自动识别技术产业的持续性发展，培养和造就服务于自动识别产业和相关产业的专业人才，中国自动识别技术协会作为国家级的行业组织，经过充分的市场调研和反复的需求论证，从2006年夏季开始，在国内部分高等院校推动自动识别技术专业方向的学历教育。这是国内首次将自动识别技术教育以专业教育的形式引入高等学历教育领域的尝试和突破。

为配合自动识别专业人才的培养教育，中国自动识别技术协会组织有关专家、学者、高级工程技术人员，共同设计了国内第一套自动识别技术教育大纲，并组织撰写了与之配套的自动识别技术高等学历教育教材，以满足教学需要。

全套教材将涉及自动识别技术导论、条码技术、射频识别技术、生物识别技术、电子数据交换技术与规范、图像处理与识别技术、密码原理、自动识别产品设计等内容，从2007年5月起陆续分册出版发行。

技术的发展没有止境，知识的进步没有边际。在我们试图总结自动识别产业专家学者和技术人员的知识和经验时，我们也意识到这套教材只是我们的初次探索，是推动中国自动识别产业人才战略的第一步。我们希望这套教材能够为广大学子奠定行业知识的基础，真心祝愿学子们成为自动识别产业坚实的后备力量。

最后，真诚欢迎国内外各界人士和自动识别产业业界的朋友对全套教材提出批评和指正。

2007年1月

前 言

现代信息技术正以难以想象的速度改变着我们的社会,我们的社会正在经历着前所未有的巨变。在信息海量的流动和处理过程中,人们开始关注如何确保数据信息与物理现实的一一对应,如何改变手工数据输入,使输入质量和速度与其相匹配,输入数据又以何种载体来记录和标识。条码自动识别技术就是在这样的环境下应运而生的。

条码技术是集光电、计算机和通信等多种技术于一体的一门综合性科学技术,主要涵盖一维条码技术、二维条码技术。从条码符号的生成到检测、从条码的识读到条码的应用,条码技术已经形成了集编码技术、载体技术、识读技术以及应用技术的技术体系。作为信息数据自动识别、输入的重要方法和有效手段,条码已成为一种推动经济发展和社会进步的重要力量。

随着我国信息化建设和经济全球化发展进程的加快,条码技术已广泛应用于零售、物流运输、工业制造、邮政通信、电子政务、交通运输等领域。近年来,条码技术与智能手机为代表的移动计算技术、电子商务的结合都显示出巨大的发展潜力和广阔的市场前景。为了在更大范围内推广和普及条码技术知识,满足自动识别行业发展迫切的人才需求,特邀请有关专家学者编写了本书。

本书作为自动识别系列教材之一,对条码技术进行了全面的阐述,力图使读者能对条码识别技术的发展有一个整体和全面的了解。全书共分为七章,内容力求丰富全面。主要内容包括条码技术的发展史、条码技术的基本概念和理论、一维条码、二维条码的编码规则、条码符号的生成、条码符号的识读及条码检测、商品条码系统、条码应用系统设计等，可以使读者从技术与应用的角度全面而系统地了解条码技术。

本书可作为高校自动识别技术专业的教材，也适合于从事自动识别技术研究与应用及物流信息系统规划等工作的人员，并可作为自动识别相关企业、部门的广大爱好者的参考书目。参与本书编写的同志有张成海、罗秋科、谢颖、钱恒、王国强、刘丽梅、杨扬、苏冠群、朱茜蕾、吴新敏、张永沛。

在本书编写过程中，得到了李素彩、郭卫华、黄燕滨、孙亚力、顾承伟、陈一新、丁晓云、燕宏生、王越等专家的指导，在此一并表示感谢！

由于时间、水平所限，书中难免有不足之处，敬请各位专家与读者批评指正。

编 者

2007 年 6 月

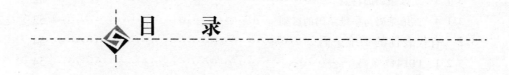

目 录

第 1 章 概述 ·· 1
  1.1 条码技术的起源与发展 ·· 1
    1.1.1 条码的起源与发展 ·· 1
    1.1.2 条码技术标准化发展进程 ···································· 11
    1.1.3 国内外条码相关技术机构的发展状况 ······················ 12
  1.2 条码的基本概念 ·· 15

第 2 章 一维条码 ·· 19
  2.1 一维条码简介 ·· 19
    2.1.1 一维条码的结构 ·· 19
    2.1.2 一维条码的编码方法 ·· 20
    2.1.3 一维条码的编码容量 ·· 21
    2.1.4 一维条码的校验与纠错 ····································· 22
  2.2 常用的一维条码 ·· 23
    2.2.1 EAN/UPC 码 ··· 23
    2.2.2 三九条码 ·· 33
    2.2.3 128 条码 ··· 38
    2.2.4 二五条码 ·· 40
    2.2.5 交插二五条码 ·· 41
    2.2.6 库德巴条码 ··· 43
    2.2.7 Databar 条码 ··· 44
    2.2.8 常用一维条码码制的区别 ··································· 49

第 3 章 二维条码 ·· 51
  3.1 二维条码简介 ·· 51

— 1 —

    3.1.1 二维条码符号 …………………………………………………… 51
    3.1.2 二维条码的分类 …………………………………………… 51
    3.1.3 二维条码的特点 …………………………………………… 52
    3.1.4 二维条码与一维条码的区别 …………………………… 53
  3.2 有代表性的二维条码 ……………………………………………… 54
    3.2.1 PDF417 条码 ……………………………………………… 54
    3.2.2 快速响应矩阵码 ………………………………………… 58
    3.2.3 汉信码 ……………………………………………………… 61
  3.3 复合码 ……………………………………………………………… 66
    3.3.1 GS1 复合码概述 …………………………………………… 66
    3.3.2 GS1 复合码的基本特征 …………………………………… 68
    3.3.3 特殊压缩单元数据串序列 ………………………………… 69
    3.3.4 复合码中供人识读字符 …………………………………… 69
    3.3.5 数据传输和码制标识符前缀 ……………………………… 70
    3.3.6 码制的选择 ……………………………………………… 71

第4章 条码符号的生成与检测 …………………………………………… 72
  4.1 条码符号的生成 …………………………………………………… 72
    4.1.1 预印刷 ……………………………………………………… 72
    4.1.2 现场印刷 …………………………………………………… 79
    4.1.3 符号载体 …………………………………………………… 86
    4.1.4 特殊载体上条码符号的生成技术介绍 ………………… 87
  4.2 条码符号的技术要求 …………………………………………… 89
    4.2.1 机械特性 …………………………………………………… 90
    4.2.2 光学特性 …………………………………………………… 93
  4.3 条码符号的检测 …………………………………………………… 95
    4.3.1 条码检测的标准 …………………………………………… 96
    4.3.2 条码符号检测步骤 ………………………………………… 97
    4.3.3 质量判定 ………………………………………………… 104

第5章 条码的识读 ………………………………………………………… 108
  5.1 条码识读技术概述 ……………………………………………… 108
    5.1.1 条码识读的基本原理 …………………………………… 108

5.1.2　条码识读系统的组成 …………………………………… 108
　　5.1.3　与条码识读系统有关的基本概念 ……………………… 120
　　5.1.4　条码识读设备的分类 …………………………………… 126
5.2　常用识读设备 ………………………………………………… 134
　　5.2.1　激光枪 …………………………………………………… 134
　　5.2.2　CCD扫描器 ……………………………………………… 136
　　5.2.3　光笔与卡槽式识读器 …………………………………… 139
　　5.2.4　全向扫描平台 …………………………………………… 140
　　5.2.5　条码识读器的选择原则 ………………………………… 140
　　5.2.6　条码识读器使用中的常见问题 ………………………… 142
5.3　数据采集器 …………………………………………………… 143
　　5.3.1　概述 ……………………………………………………… 143
　　5.3.2　便携式数据采集器 ……………………………………… 144
　　5.3.3　无线数据采集器 ………………………………………… 147
　　5.3.4　数据采集器产品的软件功能 …………………………… 150
　　5.3.5　数据终端的程序功能 …………………………………… 151

第6章　GS1系统与商品条码 ……………………………………… 152
6.1　GS1系统 ……………………………………………………… 152
　　6.1.1　GS1组织机构的形成与发展 …………………………… 152
　　6.1.2　GS1系统的内容 ………………………………………… 153
　　6.1.3　GS1系统的特征 ………………………………………… 156
　　6.1.4　GS1系统的应用领域 …………………………………… 157
　　6.1.5　GS1系统的展望 ………………………………………… 158
6.2　商品条码（GTIN） …………………………………………… 159
　　6.2.1　商品条码的概述 ………………………………………… 159
　　6.2.2　商品条码的管理与组织机构 …………………………… 159
6.3　零售商品上的条码 …………………………………………… 161
　　6.3.1　编码原则 ………………………………………………… 161
　　6.3.2　零售商品代码的编制 …………………………………… 163
　　6.3.3　商品条码符号的选择 …………………………………… 170
　　6.3.4　零售商品条码符号的设计 ……………………………… 170
6.4　非零售商品上的条码 ………………………………………… 189

6.4.1 非零售商品的代码结构 ……………………………………… 189
6.4.2 非零售商品标识代码的编制方法 …………………………… 190
6.4.3 条码符号的选择 ……………………………………………… 192
6.4.4 印刷位置设计 ………………………………………………… 193
6.5 物流单元上的条码 …………………………………………………… 194
6.5.1 UCC/EAN-128 代码结构的编制 …………………………… 194
6.5.2 条码符号的选择 ……………………………………………… 195
6.5.3 物流标签的设计 ……………………………………………… 197
6.6 商品条码的印制与检测 ……………………………………………… 200
6.6.1 商品条码的印制 ……………………………………………… 200
6.6.2 商品条码的检测 ……………………………………………… 200
6.7 商品条码系列标准介绍 ……………………………………………… 202

第7章 条码应用系统设计与应用 …………………………………… 204
7.1 条码应用系统设计 …………………………………………………… 204
7.1.1 条码应用系统的组成 ………………………………………… 205
7.1.2 条码应用系统的构成设计 …………………………………… 206
7.2 条码应用 ……………………………………………………………… 211
7.2.1 条码在超市管理中的应用 …………………………………… 211
7.2.2 条码应用系统在仓库管理中的应用 ………………………… 215
7.2.3 条码技术在农产品跟踪与追溯中的应用 …………………… 219
7.2.4 票务系统中手机二维条码的应用 …………………………… 223
7.2.5 条码在其他领域的应用 ……………………………………… 225

附录 有关扫描识读的概念 ……………………………………………… 226

参考文献 …………………………………………………………………… 228

第1章 概 述

条码技术是集光、机、电和计算机技术于一体的自动识别技术,它解决了计算机应用中数据采集的瓶颈,实现了信息的快速、准确获取和传输。条码技术主要研究如何将信息用条码来表示,以及如何将条码所表示的数据转换为计算机可识别的数据,包括编码规则及标准、符号技术、自动识读技术、印制技术、应用系统设计技术等五大部分。经过多年的研究和应用实践,条码技术已经发展成为较成熟的实用技术,具有操作简单、信息采集速度快、采集信息量大、可靠性高、成本低等优点,因而具有广阔的发展前景。

1.1 条码技术的起源与发展

1.1.1 条码的起源与发展

20世纪20年代,条码技术的雏形最早诞生于美国Westinghouse的实验室。一位名叫John Kermode的发明家想对邮政单据实现自动分检,他的想法是在信封上做条码标记,条码中的信息是收信人的地址,就像今天的邮政编码。

此后不久,Kermode的合作者Douglas Young在Kermode码的基础上作了一些改进,新的条码符号可在同样大小的空间对100个不同的地区进行编码,而Kermode码只能对10个不同的地区进行编码。

20世纪40年代后期,美国乔·伍德兰德(Joe Woodland)和贝尼·西尔佛(Beny Silver)两位工程师就开始研究用条码表示食品项目以及相应的自动识别设备。乔·伍德兰德开始是使用窄线和宽线,后来决定用同心环,该图案非常像射箭的靶子,称作"公牛眼"条码。这种条码图案如图1-1右上图所示。这样,扫描器通过扫描图形的中心能够对条码符号解码。

条码技术基础

图 1-1　早期条码符号

20 年后，毕业于美国麻省理工学院（MIT）的戴维德·J. 柯林斯（David J. Collins）为西尔韦尼尔公司（Sylvania Corporation）工作，他使用由反射材料制作的橘色和蓝色的条纹表示数字 0～9，后来经过一系列的反复实践，该公司发明了一种被北美铁路系统所采纳的条码系统。

条码的实际应用和发展还是在 20 世纪 70 年代。1970 年，美国超级市场 AdHoc 委员会制定了通用商品代码 UPC 条码（universal product code），UPC 商品条码首先在杂货零售业中试用，这为以后该码制的统一和广泛采用奠定了基础。

从 20 世纪 60 年代到 21 世纪，国内外研制出了较多种类的条码。

一维条码的研制：

1. 二五条码

二五条码研制于 20 世纪 60 年代后期，到 1990 年由美国正式提出。这种条码只含数字 0～9，应用比较方便。当时主要用于各种类型文件的处理及仓库的分类管理、标识胶卷包装及机票的连续号等。

2. UPC 码

1970 年，美国超级市场委员会制定了通用商品代码 UPC 码（universal product code），美国统一编码委员会（UCC）于 1973 年建立了 UPC 条码系统，并全面实现了该码制的标准化。UPC 条码成功地应用于商业流通领域中，对条码的应用和普及起到了极大的推动作用。现在，UPC 码主要应用于北美（美国、加拿大）地区。

3. Plessey 码

1972 年，第一个在欧洲产生的码制 Plessey 码由英国 Plesssy 公司推出。该码制及系统最初是为国防部的文件处理系统而设计的，后来在图书管理中得到应用。

4. 交插二五条码

交插二五条码（interleaved 2 of 5 bar code）是在二五条码的基础上发展起来的。1972 年，交插二五条码由美国易腾迈（Intemec）公司的 David Allais 博士发明，并提供给 Computer-Identics 公司。该条码弥补了二五条码的许多不足，不仅增大了信息容量，而且由于自身具有校验功能，还提高了交插二五条码的可靠性。交插二五条码主要应用于运输、仓储、工业生产线、图书情报等领域的自动识别管理。交插二五条码的国际标准是 ISO/IEC 16390-1999。1997 年，我国也研究制定了交插二五条码标准，最新标准为 GB/T16829-2003。

5. 库德巴条码（Codabar）

库德巴条码（Codabar）是 1972 年研制出来的，该码制是第一个利用计算机校验准确性的码制。库德巴码是一种条、空均表示信息的非连续、可变长度、双向自检的条码，主要用于医疗卫生、图书情报、航空快递等领域。我国制定的库德巴条码标准是 GB/T 12907-1991。

6. 三九条码

三九条码是 1975 年由美国的易腾迈（Intemec）公司研制的一种条码，它能够对数字、英文字母及其他字符等 44 个字符进行编码。它具有编码规则简单、误码率低、所能表示的字符个数多等特点，首先在美国国防部得到应用，目前广泛应用在汽车行业、材料管理、经济管理、医疗卫生和邮政、储运等领域。三九条码的国际标准是 ISO/IEC 16388-1999。我国于 1991 年研究制定了三九条码标准，最新标准为 GB/T12908-2002。

7. EAN 码

1977 年，欧洲经济共同体在 UPC 码的基础上开发出与 UPC 码兼容的欧洲物品编码系统——EAN 系统（european article numbering system）。到 1981 年，EAN 已发展成为一个国际性的组织，且 EAN 码与 UPC 码兼容，统称为 EAN/UPC 码。EAN/UPC 码作为一种消费单元代码，被用于在全球范围内唯一标识一种商品。EAN/UPC 码的国际标准是 ISO/IEC 15420-2000。

8. 128 条码

128 条码是在所有一维条码码制中表示信息最多的码制，可以表示 ASCII 字符集及扩展 ASCII 字符集中的全部字符，用于空间较紧张的情形，不同的长度与必需的校验数位排列在一起。Code 128 广泛应用于航运业，有三种不同的类型：A 型、B 型和 C 型代码集。128 条码在我国的应用也非常广泛，邮政部门新的条码标准使用了 128 条码，中国输血协会也采用了 128 条码作为血袋上的标识条码。128 条码的国际标准是 ISO/IEC 15417-2000。我国也研究制定了 128 条码标准，最新标准为 GB/T18347-2001。

9. Databar 条码（原名 RSS）

Databar 条码由 GS1 国际物品编码协会研制，是为了满足日益增长的对较小商品进行识别的商务需要应运而生的新的条码符号。2006 年 5 月，GS1 设定全球正式启用 GS1 Databar 条码的时间为 2010 年 1 月，所有贸易项目的识读器都能识读 GS1 Databar 条码，并处理 GS1 应用标识符。Databar 条码的重点推广领域是小型或难以标识的产品、生鲜食品、不定量产品（产品识别）。此外，Databar 条码还被视为药品、酒类、食品、烟草等特定行业产品类别的可追溯性及产品鉴定的解决方案。Databar 条码最新的国际标准是 ISO/IEC 24724-2006。

二维条码的研制：

10. 49 条码和 16K 条码

1987 年，戴维·阿利尔研制出第一个二维条码码制——49 条码（见图 1-2），它比以往的一维条码符号具有更高的密度。1988 年，Laserlight 系统公司的特德·威廉斯（Ted Williams）推出第二个二维条码码制——16K 条码（见图 1-3）。

图 1-2 49 条码

图 1-3 16K 条码

11. Data Matrix 码

Data Matrix 码（数据矩阵码）原名 Datacode，由美国国际资料公司于

1989年发明（见图1-4）。Data Matrix码是一种矩阵式二维条码，它的最小尺寸是目前所有条码中最小的，特别适用于小零件的标识，并直接印刷在实体上。Data Matrix码最新的国际标准是ISO/IEC 16022-2006。

图1-4 Data Matrix码

12. PDF417条码

PDF417条码（见图1-5）是美国讯宝科技公司（symbol technologies inc.）于1990年发明的二维条码，发明人是台湾赴美学者王寅君博士。PDF取自英文portable data file三个单词的首字母，意为"便携数据文件"，因为组成条码的每一个字符符号都是由4个条和4个空共17个模块组成的，所以称为PDF417条码。PDF417条码具有信息量大、编码范围广、容易印制、纠错能力强、译码可靠性高、保密、防伪性能强、条码符号的形状可变等特点。例如，一个PDF417条码符号可以将1848个字母字符或2729个数字字符或字母、数字混编字符进行编码。PDF417条码可以把编码信息按密码格式进行编码，以防止伪造条码符号或非法使用有关编码的信息。PDF417条码广泛应用在国防、公共安全、交通运输、医疗保健、工业、商业、金融、海关及政府管理等领域。PDF417条码最新的国际标准是ISO/IEC 15438-2006。1997年，我国研究制定了PDF417条码国家标准（GB/T 17172-1997）。

13. Maxicode码

1992年，美国UPS（united parcel service）公司专门为邮件系统设计了

图 1-5　PDF417 条码

专用的二维条码 Maxicode，原先又称为 UPSCode。1996 年，美国自动识别技术协会（AIMUSA）制定了统一的符号规格，称为 Maxicode 二维条码。Maxicode 码（见图 1-6）是一种固定长度（尺寸）的矩阵式二维条码，它由紧密相连的平行六边形模块和位于符号中央位置的定位图形组成，该条码能达到高速扫瞄的目的。Maxicode 码的国际标准是 ISO/IEC 16023-2000。

图 1-6　Maxicode 码

14. 快速响应矩阵码

快速响应矩阵码（QR 码）是由日本 Denso 公司于 1994 年研制的一种矩阵二维码符号（见图 1-7），它除具有一维条码及其他二维条码所具有的信息容量大、可靠性高、可表示汉字及图像多种文字信息、保密防伪性强等优点外，还具有超高速识读、全方位（360°）识读、能够有效地表示中国汉字、日本汉字等特点。如果用一维条码与二维条码表示同样的信息，快速响应矩阵码占用的空间只是条码 1/11 的面积。快速响应矩阵码最新的国际标准是 ISO/IEC 18004-2006。

图 1-7　快速响应矩阵码

15. 龙贝码

2001年，上海龙贝信息科技有限公司研制成新型二维码——龙贝码（见图 1-8）。龙贝码具有如下特点：多重信息加密功能；多种及多重语种文字对接系统；多向编码/译码功能；极强的抗畸变性能；可对任何大小及长宽比的二维条码进行编码/译码；可对多种类型、不同长度的数据进行结构化压缩和编码、全方位（360°）识读。目前已应用于公共安全、军事领域、信息监管、电子商务与电子政务、移动通信和物资流通等领域。

16. 网格矩阵码和紧密矩阵码

2002年，矽感科技开发出具有自主知识产权的大容量、超纠错的二维条码——网格矩阵（grid matrix，GM）码（见图 1-9）和紧密矩阵（compact matrix，CM）码（见图 1-10）。紧密矩阵码的码图采用齿孔定位技术和图像分段技术，通过分析齿孔定位信息和分段信息可快速完成二维条码图像的识别和处理。紧密矩阵码具有高数据容量、高纠错能力、高编码效率、高抗污损能力、抗形变能力的特点。GM网格码是一种正方形的二维码码制，该码制的码图由正方形宏

图 1-8　龙贝码

模块组成，每个宏模块由 6×6 个正方形单元模块组成。网格码具有超强抗污损能力及纠错能力、超强抗形变能力、图形中没有死穴、储存容量大、可对任何计算机数字信息编码等特点。

17. 汉信码

2005年，中国物品编码中心开发了我国具有自主知识产权的二维

图 1-9 网格矩阵码

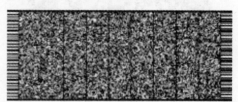

图 1-10 紧密矩阵码

码——汉信码（见图 1-11）。汉信码具有汉字编码能力强、极强抗污损、抗畸变识读能力、信息容量大、识读速度快、信息密度高等特点。其中在汉字表示方面，支持 GB 18030 大字符集，汉字表示信息效率高，适用于政府办公、电子政务、国防军队、医疗卫生、公安出入境、公安消防、食品安全、产品追踪、金融保险、质检监察、交通运输、人口管理、出版发行、票证/卡、手机条码、移动通信、电子票务/电子票证、电子商务、装备制造、物流业等行业。

条码码制的研发促进了条码生成设备和识读设备制造业的发展。从 20 世纪 20 年代开始至今，在条码技术的推广过程中起到了十分重要的作用。

20 世纪 20 年代，John Kermode 发明了由扫描器（能够发射光并接收反射光）、边缘定位线圈（测定反射信号的条和空）和译码器（测定结果）等基本元件组成的条码识读设备。

1952 年，乔·伍德兰德和贝尼·西尔佛在纽约发明了第一台条码识读器。

1967 年，位于美国俄亥俄州辛辛那提市的 Kroger 超市安装了第一套条码扫描零售系统。

1968 年，第一家全部生产条码相关设备的公司 Computer-Identics 由 David Collins 创建。

1969 年，第一台固定式氦-氖激光扫描器由 Computer-Identics 公司研制成功。

第 1 章 概　述

图 1-11　汉信码

1971 年，Control Module 公司的 Jim Bianco 研制出 PCP 便携条码阅读器，这是首次在便携机上使用微处理器（Intel 4004）和数字盒式存储器，此存储器提供 500K 存储空间，为当时之最，阅读器重 27 磅。

1972 年，条码的便携式扫描设备开始投入生产，它为实现"从货架上直接写出订单"提供了便利，大大减少了制定订货计划的时间。Norand 公司的第一台便携笔式扫描装置 Norand101 问世，预示着便携式扫描装置在零售业应用的大发展，并开拓了自动识别技术的一个崭新领域。

1974 年，Intermec 推出 Plessey 条码打印机，这是行业中第一台"demand"接触式打印机。第一台 UPC 条码识读扫描器在奥克马州的 Marsh 超级市场安装，那时只有 27 种产品采用 UPC 条码，商场设法自己建立价格数据库，扫描的第一种商品是十片装的 Wrigley 口香糖，标价 69 美分，由扫描器正确读出。

1978 年，第一台注册专利的条码检测仪 Lasercheck 2701 由美国的讯宝（Symbol）公司推出。

1980 年，日本的佐藤株式会社（Sato 公司）推出第一台热转印打印机 5323 型，该打印机最初是为零售业打印 UPC 条码设计的。

1981 年，条码扫描与 RF/CD（射频/数据采集）第一次共同使用。第一台线性 CCD 扫描器 20/20 由 Norand 公司推出。

1982 年，美国讯宝（Symbol）公司推出 LS7000，这是首部成功的商用手持式、移动光束激光扫描器，这标志着便携式激光扫描器应用的开始。

20世纪90年代后期，国内企业已经在一维条码扫描器产品方面形成了以自主知识产权为主导的、适应各种主流接口的便携式、枪式条码扫描器的产品系列，并且逐步向通用操作系统、适应无线通信和各种主流接口的方向发展。

福建新大陆公司在条码识读器的研发及生产制造上形成了产、供、销的规模，其产品已开始走向国际。山东新北洋在掌握条码打印机的核心设计和制造技术的基础上，研制的新产品和技术填补了国内许多空白，并应用在邮政、铁路等行业。上海龙贝信息科技有限公司自主研制了 LP-T3200 6200 系列台面式条码阅读器和 LP-H6201 手持式条码阅读器系列。沈阳先达、沈阳凯泰、上海力象、深圳博思得等一大批生产具有自主知识产权设备的公司，其产品从条码打印机到条码扫描、数据采集一应俱全。

条码技术向纵深方向的发展推动了条码技术装备向着多功能、远距离、小型化、软硬件并举、安全可靠、经济适用等趋势发展，出现了许多新型技术装备。具体表现为：条码技术识读设备向小型化及与常规通用设备的集成化、复合化发展；条码技术数据采集终端设备向多功能、便携式、集成多种现代通信技术和网络接入技术的设备一体化的方向发展；条码技术生成设备向满足专用性能和小批量印制方向发展。

经过几十年的不断发展完善，条码技术日臻成熟。最初的条码技术应用主要是在商品的零售环节，提高了商品结算、库存控制和缺货控制的工作效率。而条码应用发展的第二个阶段是在生产过程的管理中，从原料到成品各个环节的有效控制，可以提高生产效率。条码技术应用的第三个阶段是为了实现对实物流和与之相伴的信息流的一体化管理，采用条码技术，能够准确、高效地采集到基础数据，并记录物品的转移过程，提高物流作业中信息的采集速度与准确性。条码技术的应用领域将逐步扩展渗透到商业、工业、交通运输业、邮电通信业、医疗卫生、安全检查、票证管理以及军事装备等国民经济的各个行业中。

目前，世界各国特别是经济发达国家把条码技术应用发展的重点向生产自动化、交通运输现代化、金融贸易国际化、医疗卫生高效化、票证金卡普及化和安全防盗防伪保密化等领域推进。除大力推行商品条码外，同时重点推广应用贸易单元128码、应用标识、EAN位置码、二维条码技术等。在条码载体种类开发方面，除纸面印刷的条码技术外，还在研究开发金属条码技术、纤维织物条码技术和隐形条码技术，以扩大应用领域，并保证条码技术标识在各个领域、各种工作环境中的应用。

我国的条码技术产业也从技术购买向技术自主和技术输出转变。沿用了若干年的美国 PDF417 和日本 QR 二维码制已经受到挑战,中国人研制了自己的二维码,并经过鉴定走向应用阶段,改变了国内二维码技术都采用美、日码制和使用国外进口、价格昂贵的识读设备这一状况,为条码技术的广泛应用奠定了重要的基础。

1.1.2 条码技术标准化发展进程

随着条码技术的发展和条码码制种类的不断增加,条码的标准化显得愈来愈重要。为此,美国曾先后制定了部分军用标准、交插二五条码、三九条码和库德巴条码等 ANSI 标准。同时,一些行业也开始建立行业标准,如 1983 年,汽车工业行动协会(AIAG)选用三九码作为行业标准;1984 年,医疗保健业条码委员会(HIBC)采用三九码作为其行业标准;1985 年,美国 BISAC 图书行业系统顾问委员会采用书刊 EAN 条码。进入 90 年代后,一维条码继续发挥其优势,二维条码得到了较快的发展。1990 年,条码印刷质量美国国家标准 ANSI X3.182 颁布。

条码技术作为信息自动化采集的基本手段,随着应用的深入,新的条码技术标准不断出现,标准体系逐渐完善。国际上,条码技术标准化已经成为一个独立的标准化工作领域。国际标准化组织(ISO)和国际电工委员会(IEC)的联合工作组 JTC1 于 1996 年成立的第 31 分委会(SC31)是国际上开展自动识别与数据采集技术标准化研究的专门机构,SC31 共有五个工作组来分别承担相关工作。工作内容主要涉及自动识别与数据采集技术相关的数据采集器的规范、一维条码和二维条码的标识符号、数据结构、检测方法和检测规范、射频识别在项目管理中的应用工作、实时定位系统等。委员会已制定了《三九码》、《128 条码》、《EAN/UPC 码》、《交插二五条码》、《PDF417 条码》、《QR 码》、《Data Matrix》、《Maxi Code》、《数据载体／符号标识符》、《条码印刷质量检测规范》、《条码检测仪性能测试》、《条码扫描仪和译码器性能检测》、《条码胶片检测规范》、《条码数字生成与印刷性能检测》、《EAN/UCC 应用标识符和 FACT 数据标识符及其维护》等系列的条码技术国际标准。

1996～2001 年间,我国完成了《128 条码》、《三九条码》、《位置码》、《交插二五条码》、《中国标准书号条码》、《中国标准刊号(ISSN 部分)条码》、《EAN·UCC 系统 128 条码》、《EAN·UCC 系统应用标识符》、《四一七条码》、《快速响应矩阵码》、《储运单元条码》、《物流单元的编码与符号标记》、《商品条码印刷适性试验》、《商品条码符号印制质量的检验》、《条码符号印刷质量的检验》等系列条码技术国家标准的制定工作。

2002~2005年间，我国在条码技术相关标准的制修订方面完成了《商品条码符号印刷质量的检验》、《商品条码印刷适性试验》、《商品条码符号位置》等多项与条码、商业EDI和供应链相关的国家标准，并在科技部、国家经贸委（现国家发改委）、国家质检总局等部门的领导下完成了"物流配送系统标准体系与关键标准研究"、"基于条码和EDI的连续补货研究"、"我国电子商务与现代物流标准体系及关键标准的研究与制定"、"条码标准器/测试卡制造技术研究"、"塑料薄膜印制条码符号的适印性与质量问题研究"，制定了《国家物流标准体系表》和《物流标准化总体规范》等多项与物流、供应链相关的科研项目。

我国的条码技术标准化工作在体系上不断完善，在技术上不断取得新的进展，推动了条码技术产业的健康发展。

1.1.3 国内外条码相关技术机构的发展状况

1. 国际条码相关技术机构的发展状况

（1）国际物品编码协会

国际物品编码协会（GS1，原名为EAN international）成立于1977年，是一个在比利时注册的非营利性非政府间国际机构。它致力于建立全球的统一标识系统和通用商务标准——EAN·UCC系统，通过向供应链参与方及相关用户提供增值服务来优化整个供应链的管理效率。

早在1973年，美国统一编码协会（简称UCC）建立了UPC条码系统。同年，食品杂货业把UPC码作为该行业的通用标准码制，为条码技术在商业流通销售领域里的广泛应用起到了积极的推动作用。1976年，在美国和加拿大的超级市场上，UPC码的成功应用给人们以很大的鼓舞；1977年，欧洲经济共同体在UPC码的基础上开发出与UPC码兼容的欧洲物品编码系统——EAN系统。到1981年，EAN已发展成为一个国际性的组织，故改名为"国际物品编码协会"。

从20世纪90年代起，为了使北美的标识系统尽快纳入EAN·UCC系统，EAN加强了与UCC的合作，达成联盟，以共同开发、管理EAN·UCC系统。继2002年11月美国统一代码委员会（UCC）和加拿大电子商务委员会（ECCC）加入国际物品编码协会后，EAN·UCC于2005年2月正式发布将国际物品编码协会（EAN international）的名称变更为 GS1。名称变更意味着 GS1 已从单一的条码技术向更全面、更系统的技术领域发展，GS1 给全球范围商业标识的标准化带来了新的活力。目前，GS1 已有 104 个成员组织，遍及世界 140 多个国家和地区，负责组织实施当地的 EAN·UCC 系统的推广应用工作。

经过 30 多年的不断完善和发展，GS1 已拥有一套全球跨行业的产品、运输单元、资产、位置和服务的标识标准体系和信息交换标准体系；GS1 的全球数据同步网络（GDSN）能确保全球贸易伙伴都使用正确的产品信息；GS1 通过电子产品代码（EPC）、射频识别（RFID）技术以提高供应链的运营效率；GS1 的可追溯解决方案帮助企业遵守欧盟和美国食品安全法规，实现食品消费安全。

（2）国际自动识别技术制造商协会

国际自动识别技术制造商协会（AIM）是一个非盈利的全球性标准化组织，成立于 1971 年。国际自动识别技术制造商协会的宗旨是提供 AIDC 技术的标准化、产品与服务，推动全球 AIDC 产业的发展及广泛应用。在自动识别系统和数据采集（AIDC）及网络方面建立了良好的信誉及广泛的权威。国际自动识别技术制造商协会代表了参与 AIDC 技术开发、设备制造、系统集成、解决方案推广及应用有关产业和企业的利益。

2. 国内条码相关机构的发展状况

（1）中国物品编码中心

中国物品编码中心于 1988 年经国务院同意成立，是统一组织、协调、管理全国条码及物品编码工作的专门机构，隶属于国家质量监督检验检疫总局。1991 年 4 月代表我国加入国际物品编码协会（即 EAN international，现更名为 GS1），成为其在大陆的唯一会员组织，负责推广国际物品编码协会建立并在全球推动实施的开放式的国际多行业供应链管理标准——GS1 系统，在我国称为 ANCC 全球统一标识系统（简称 ANCC 系统）。中国物品编码中心在全国设有 46 个分支机构，负责 ANCC 系统在当地的管理和推广工作。

经过十多年的发展，商品条码系统成员已逾 14 万家，发展速度居世界之首；上百万种产品包装上使用了商品条码标识；使用条码技术进行自动零售结算的超市已超万家。紧跟国际国内形势，编码中心的业务已从单一的条码技术向更全面、更系统的技术领域发展，包括 EDI、XML、ECR、GDS、EPC、UNSPSC 及 RFID 等，极大地推动了我国的信息化进程。

(2) 中国自动识别技术协会

中国自动识别技术协会（automatic identification manufacture association of China，AIM China）是国家一级协会。业务主管部门是中国国家质量监督检验检疫总局，接受中华人民共和国民政部的监督管理，具有独立法人地位。中国自动识别技术协会是国际自动识别制造商协会（AIM global）的国家级会员。

中国自动识别技术协会是由从事自动识别技术研究、生产、销售和使用的企事业单位及个人自愿结成的全国性、行业性、非营利性的社会团体。业务领域涉及条码识别技术、射频识别技术、生物特征识别技术、智能卡识别技术、光字符识别技术、语音识别技术、视觉识别技术、图像识别技术和其他自动识别技术。

自中国自动识别技术协会成立以来，组织业界开展了大量的自动识别技术方面的标准化工作，出版了多本专业书籍、教材和《中国自动识别技术》杂志，制定了多个协会标准，创建了高等院校的自动识别专业的本科教育，举办了14届国际自动识别技术展览会，搭建了国际交流与合作的平台，促进了自动识别技术在广泛领域的应用和产业的健康发展。

(3) 全国信息技术标准化技术委员会自动识别与数据采集技术分技术委员会

2002年7月，全国信息技术标准化技术委员会自动识别与数据采集分委会（SC31）在北京成立。委员会（简称分委会）是负责全国自动识别和数据采集技术及应用的标准化工作的组织。其主要职责是：为国家建立自动识别与数据采集技术标准化体系提供技术支持；负责自动识别与数据采集技术和应用领域相关国家标准组织制定、技术审查；为自动识别与数据采集技术在各领域中的应用提供技术支持；向国际标准组织提出本专业国际标准；对口国际ISO/IEC JTC1/SC31工作；协调与其他相关分技术委员会的关系。

(4) 全国物流标准化技术委员会

2003年8月，全国物流标准化技术委员会在北京成立。其主要负责物流信息基础、物流信息系统、物流信息安全、物流信息管理、物流信息应用等领域的标准化工作。

近几年来，全国物流标准化技术委员会出台了一批急需的物流国家标准，并不断完善物流标准体系，研究自动识别以及条码、EPC等信息管理基础性技术标准等工作。委员会还积极推进《物流标准2005~2010年发展规划》的贯彻实施，不断完善委员会的自身建设。

（5）中国全国供应链过程管理与控制标准化技术委员会（ECR 委员会）

2000 年，中国全国供应链过程管理与控制标准化技术委员会 ECR 委员会（ECR China）在北京成立，并于同年 7 月正式加入亚洲 ECR 委员会（ECR Asia）。

中国 ECR 委员会成立以来，努力加强宣传和推广 ECR，整合相关资源，开发示范性试点项目，协助会员提升商业竞争能力。引进 GS1、GPC、EPC 等国际标准及 CPFR、SCOR 等相关应用技术，协助并促进国内产业落实 ECR 的应用。

1.2 条码的基本概念

1. 条码

条码是由一组规则排列的条、空及其对应的字符或图形组成的标记，用以表示一定的信息。

2. 编码

为管理对象编制的由数字、字母、数字字母组成的代码序列称为编码，编码规则主要研究编码原则、代码定义等。

3. 编码容量

每个码制都有一定的编码容量，这是由其编码方法决定的，编码容量限制了条码字符集中所含字符的数目。

4. 码制

条码的码制是指条码符号的类型，每种类型的条码符号都是由符合特定编码规则的条和空组合或图形组成的。每种码制都具有固定的编码容量和所规定的条码字符集。条码字符中字符总数不能大于该种码制的编码容量。

5. 字符集

字符集是指某种码制的条码符号可以表示的字母、数字和符号的集合。有些码制仅能表示 10 个数字字符：0~9，如 EAN/UPC 条码；有些码制除了能表示 10 个数字字符外，还可以表示几个特殊字符，如库德巴条码。三九条码可表示数字字符 0~9、26 个英文字母 A~Z 以及一些特殊符号。几种常见的一维条码码制的字符集如下：

EAN 条码的字符集：数字 0~9

交插二五条码的字符集：数字 0~9

三九条码的字符集：数字 0~9

字母 A~Z

特殊字符：- · $ % 空格 / +

起始符：/

终止符：□

6. 连续性与非连续性

一维条码符号的连续性是指每个条码字符之间不存在间隔，非连续性是指每个条码字符之间存在间隔，见图 1-12。该图为二五条码的字符结构。从图中可以看出，字符与字符间存在着字符间隔，所以是非连续的。

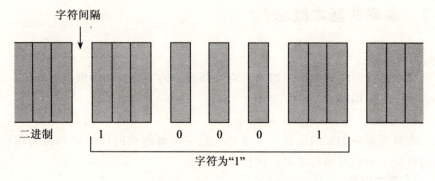

图 1-12　二五条码的字符结构

从某种意义上讲，由于连续性条码不存在条码字符间隔，所以密度相对较高，而非连续性条码的密度相对较低。所谓条码的密度，即是单位长度的条码所表示的条码字符的个数。但非连续性条码字符间隔引起的误差较大，一般规范不给出具体的指标限制。而对连续性条码除了控制条空的尺寸误差外，还需控制相邻条与条、空与空的相同边缘间的尺寸误差及每一条码字符的尺寸误差。

7. 定长条码与非定长条码

定长条码是条码字符个数固定的条码，仅能表示固定字符个数的代码。非定长条码是指条码字符个数不固定的条码，能表示可变字符个数的代码。例如，EAN/UPC 条码是定长条码，它们的标准版仅能表示 12 个字符，三九条码则为非定长条码。

定长条码由于限制了表示字符的个数，其译码的误识率相对较低，因为就一个完整的条码符号而言，任何信息的丢失总会导致译码的失败。非定长条码具有灵活、方便等优点，但受扫描器及印刷面积的限制，它不能表示任意多个字符，并且在扫描阅读过程中可能产生因信息丢失而引起错误的译码。这些缺点在某些码制（如交插二五条码）中出现的概率相对较大，可通过增强识读器或计算机系统的校验程度而克服。

8. 双向可读性

一维条码符号的双向可读性是指从左、右两侧开始扫描都可被识别的特性。绝大多数码制都可双向识读，所以都具有双向可读性。事实上，双向可读性不仅仅是一维条码符号本身的特性，也是条码符号和扫描设备的综合特性。对于双向可读的一维条码，识读过程中，译码器需要判别扫描方向。有些类型的一维条码符号，其扫描方向的判定是通过起始符与终止符来完成的，如三九条码、交插二五条码、库德巴条码。有些类型的一维条码，由于从两个方向扫描起始符和终止符所产生的数字脉冲信号完全相同，所以无法用它们来判别扫描方向，如 EAN 和 UPC 条码。在这种情况下，扫描方向的判别则是通过条码数据符的特定组合来完成的。对于某些非连续性条码符号，如三九条码，由于其字符集中存在着条码字符的对称性（如字符"*"与"P"、"M"与"—"等），在条码字符间隔较大时，很可能出现因信息丢失而引起的译码错误。

9. 自校验特性

条码符号的自校验特性是指条码字符本身具有校验特性。若在一条码符号中，一个印刷缺陷（例如，因出现污点把一个窄条错认为宽条，而相邻宽空错认为窄空）不会导致替代错误，那么这种条码就具有自校验功能。如三九条码、库德巴条码、交插二五条码都具有自校验功能；EAN 和 UPC 条码、九三条码等都没有自校验功能。

10. 条码密度

一维条码密度是指单位长度条码所表示条码字符的个数，其密度越高，所需扫描设备的分辨率也就越高。二维条码的密度是一维条码的几十到几百倍。

11. 条码的校验与纠错方式

为了保证正确识读，条码一般具有校验功能或纠错功能。一维条码一般具有校验功能，即通过字符的校验来防止错误识读。而二维条码则具有纠错功能，这种功能使得二维条码在有局部破损的情况下仍可被正确地识读出来。

12. 条码符号

条码符号是一种特殊的图形，它所包含的信息需要使用专用的条码阅读设备来阅读。

13. 符号载体

用于直接印制条码符号的物体叫做符号载体。

14. 条码检测

条码检测是确保条码符号在整个供应链中被正确阅读的重要手段。

15. 条码识读器

条码识读器是识读条码符号的设备。

16. 扫描器

扫描器是通过扫描将条码符号信息转变成能输入到译码器的电信号的光电设备。

17. 译码

译码是确定条码符号所表示的信息的过程。

18. 译码器

译码器是完成译码的电子装置。

19. 光电扫描器的分辨率

表示仪器能够分辨一维条码符号中最窄单元宽度的指标。能够分辨 0.15~0.30mm 的仪器为高分辨率仪器，能够分辨 0.30~0.45mm 以上的为中分辨率仪器，能够分辨 0.45mm 以上的为低分辨率仪器。

20. 条码数据采集终端

条码数据采集终端是手持式扫描器与掌上电脑（手持式终端）的功能组合为一体的设备单元。

21. 商品条码

商品条码是 GS1 系统的核心组成部分，是 GS1 系统发展的基础，也是商业最早应用的条码符号。它主要用于对零售商品、非零售商品及物流单元的条码标识。零售商品是指在零售端通过 POS 扫描计算的商品。

非零售商品是指不通过 POS 扫描结算的用于配送、仓储或批发等操作的商品。

第 2 章 一维条码

2.1 一维条码简介

一维条码是由一组规则排列的条、空以及对应的字符组成的标记，"条"指对光线反射率较低的部分，"空"指对光线反射率较高的部分，这些条和空组成的数据表达一定的信息，并能够用特定的设备识读，转换成与计算机兼容的二进制和十进制信息。通常对于每一种物品，它的编码是唯一的。对于一维条码来说，需要通过数据库建立条码与物品信息的对应关系。当条码的数据传到计算机时，由计算机的应用程序对数据进行操作和处理。

2.1.1 一维条码的结构

一维条码只是在一个方向（一般是水平方向）表达信息，而在垂直方向则不表达任何信息，其一定的高度通常是为了便于阅读器的阅读。

一维条码通常都是由两侧的空白区、起始符、数据字符、校验符（可选）、终止符和供人识别的字符组成的（见图 2-1）。一维条码符号中的数据字符和校验符是代表编码信息的字符，扫描识读后需要传输处理，左右两侧的空白区、起始符、终止符等都是不代表编码信息的辅助符号，仅供条码扫描识读时使用，不需要参与信息代码传输。

空白区	起始符	数据符	检验符	终止符	空白区

图 2-1　一维条码的结构图

（1）左侧空白区

位于条码左侧无任何符号的白色区域，主要用于提示扫描器准备开始扫描。

(2) 起始符

条码字符的第一位字符，用于标识一个条码符号的开始，扫描器确认此字符存在后开始处理扫描脉冲。

(3) 数据符

位于起始符后的字符，用来标识一个条码符号的具体数值，允许双向扫描。

(4) 检验符

用来判定此次扫描是否有效的字符，通常是一种算法运算的结果。扫描器读入条码进行解码时，先对读入的各字符进行运算，如运算结果与检验码相同，则判定此次识读有效。

(5) 终止符

位于条码符号的右侧，表示信息结束的特殊符号。

(6) 右侧空白区

在终止符之外无印刷符号，且条与空颜色相同的区域。

2.1.2 一维条码的编码方法

一维条码的编码方法是指条码中条、空的编码规则以二进制的逻辑表示的设置。一维条码的编码方法就是要通过设计条码中条与空的排列组合来表示不同的二进制数据，即利用"条"和"空"构成二进制的"0"和"1"，并以它们的组合来表示某个数字或字符，反映某种信息。但不同码制的条码在编码方式上有所不同。一般有以下两种。

1. 宽度调节编码法

宽度调节编码法即条码符号中的条和空由宽、窄两种单元组成的条码编码方法。按照这种方式编码时，是以窄单元（条或空）表示逻辑值"0"，宽单元（条或空）表示逻辑值"1"。宽单元通常是窄单元的2~3倍。对于两个相邻的二进制数位，由条到空或由空到条，均存在着明显的印刷界限。三九条码、库德巴条码及交插二五条码均属宽度调节型条码。下面以交插二五条码为例，简要介绍宽度调节型条码的编码方法。

交插二五条码是一种条、空均表示信息的连续型、非定长、具有自校验功能的双向条码。它的每一个条码数据符由5个单元组成，其中两个是宽单元（表示二进制的"1"），三个是窄单元（表示二进制的"0"）。图2-2是交插二五条码的一个示例。

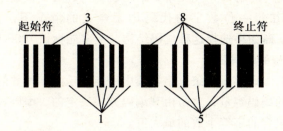

图 2-2 表示"3185"的交插二五条码

2. 模块组配编码法

模块组配编码法即条码符号的字符由规定的若干个模块组成的条码编码方法。按照这种方式编码,条与空是由模块组合而成的。一个模块宽度的条模块表示二进制的"1",而空模块表示二进制的"0"。

EAN 条码、UPC 条码均属模块组配型条码。商品条码模块的标准宽度是 0.33mm,它的一个字符由 2 个条和 2 个空构成,每一个条或空由 1~4 个标准宽度的模块组成,每一个条码字符的总模块数为 7。模块组配编码法条码字符的构成如图 2-3 所示。

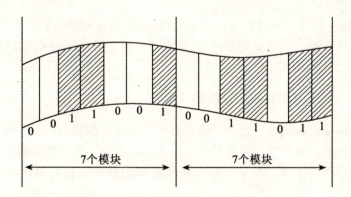

图 2-3 模块组配编码法条码字符的构成

2.1.3 一维条码的编码容量

1. 代码的编码容量

代码的编码容量即每种代码结构可能编制的代码数量的最大值。例如,

EAN/UCC-13 代码的结构一（见第3章的表3-1），有5位数字可用于编制商品项目代码，在每一位数字的代码均无含义的情况下，其编码容量为 100000，所以厂商如果选择这种代码结构，最多能标识 100000 种商品。

2. 条码字符的编码容量

条码字符的编码容量即条码字符集中所能表示的字符数的最大值。每个码制都有一定的编码容量，这是由其编码方法决定的。编码容量限制了条码字符集中所能包含的字符个数的最大值。

对于用宽度调节法编码的，仅有两种宽度单元的条码符号，即编码容量为 $C(n,k)$，这里，$C(n,k) = n(n-1)\cdots(n-k+1)/k!$。其中，$n$ 是每一条码字符中所包含的单元总数，k 是宽单元或窄单元的数量。如三九条码，它的每个条码字符由9个单元组成，其中3个是宽单元，其余是窄单元，那么，其编码容量为：

$$C(9,3) = 9 \times 8 \times 7 / (3 \times 2 \times 1) = 84$$

对于用模块组配的条码符号，若每个条码字符包含的模块是恒定的，其编码容量为 $C(n-1, 2k-1)$，其中，n 为每一条码字符中包含模块的总数，k 是每一条码字符中条或空的数量，k 应满足 $1 \leq k \leq n/2$。如九三条码，它的每个条码字符中包含9个模块，每个条码字符中的条的数量为3个，其编码容量为：

$$C(9-1, 2 \times 3 - 1) = 8 \times 7 \times 6 \times 5 \times 4 / (5 \times 4 \times 3 \times 2 \times 1) = 56$$

一般情况下，条码字符集中所表示的字符数量小于条码字符的编码容量。

2.1.4 一维条码的校验与纠错

为了保证正确识读，条码一般具有校验功能或纠错功能。一维条码一般具有校验功能，即通过字符的校验来防止错误识读。而二维条码则具有纠错功能，这种功能使得二维条码在有局部破损的情况下仍可被正确地识读出来。

一维条码在纠错上主要采用校验码的方法。即从代码位置序号第二位开始，所有的偶（奇）数的数字代码求和的方法来校验条码的正确性。校验的目的是保证条、空比的正确性。

2.2 常用的一维条码

在日常应用中,一维条码的用途非常广泛。本节重点介绍常用的一维条码,如 EAN/UPC 码、三九码、128 条码、二五条码、交插二五条码、库德巴条码以及 GS1 新近研发的 Databar 码等。

2.2.1 EAN/UPC 码

EAN/UPC 系列条码符号包括 UPC-A、UPC-E、EAN-13、EAN-8。EAN 码是国际物品编码协会制定的商品条码,通用于全世界。UPC 码是美国统一代码委员会制定的一种商品用条码,主要用于北美(美国和加拿大)地区。

1. EAN/UCC-13 商品条码

EAN/UCC-13 商品条码由 13 位数字组成。不同国家(地区)的条码组织对 13 位代码的结构有不同的划分。

1) EAN-13 商品条码的符号结构

EAN-13 商品条码的条码符号由左侧空白区、起始符、左侧数据符、中间分隔符、右侧数据符、校验符、终止符、右侧空白区及供人识别的字符组成,如图 2-4 所示。EAN-13 各组成部分的模块数如图 2-5 所示。

图 2-4　EAN-13 条码符号结构

左侧空白区:位于条码符号最左侧与空的反射率相同的区域,其最小

图 2-5　EAN-13 商品条码符号构成示意图

宽度为 11 个模块宽。

起始符：位于条码符号左侧空白区的右侧，表示信息开始的特殊符号，由 3 个模块组成。

左侧数据符：位于起始符右侧，表示 6 位数字信息的一组条码字符，由 42 个模块组成。

中间分隔符：位于左侧数据符的右侧，是平分条码字符的特殊符号，由 5 个模块组成。

右侧数据符：位于中间分隔符的右侧，表示 5 位数字信息的一组条码字符，由 35 个模块组成。

校验符：位于右侧数据符的右侧，表示校验码的条码字符，由 7 个模块组成。

终止符：位于条码符号校验符的右侧，表示信息结束的特殊符号，由 3 个模块组成。

右侧空白区：位于条码符号最右侧与空的反射率相同的区域，其最小宽度为 7 个模块宽。为保护右侧空白区的宽度，可在条码符号右下角加 ">" 符号。">" 符号的位置见图 2-6。

供人识读的字符：位于条码符号的下方，是与条码字符相对应的供人识别的 13 位数字，最左边一位称前置码。供人识别的字符优先选用 OCR-B 字符集，字符顶部和条码底部的最小距离为 0.5 个模块宽。标准版商品条码中的前置码印制在条码符号起始符的左侧。

2) EAN-13 商品条码的字符集

每一条码的数据字符由 2 个条和 2 个空构成，每个条或空由 1～4 个模块组成，每个条码字符的总模块数为 7，如图 2-7 所示。用二进制 "1" 表示条的模块，"0" 表示空的模块，如表 2-1 所示。条码字符集可表示 0～9 共 10 个数字字符。商品条码字符集的二进制表示见表 2-1 和图 2-8。

图 2-6　EAN-13 右侧空白区 " > " 的位置

表 2-1　　　　　　　　商品条码字符集的二进制表示

数字字符	A 子集	B 子集	C 子集
0	0001101	0100111	1110010
1	0011001	0110011	1100110
2	0010011	0011011	1101100
3	0111101	0100001	1000010
4	0100011	0011101	1011100
5	0110001	0111001	1001110
6	0101111	0000101	1010000
7	0111011	0010001	1000100
8	0110111	0001001	1001000
9	0001011	0010111	1110100

说明：①A 子集中条码字符所包含的条的模块的个数为奇数，称为奇排列；②B、C 子集中条码字符所包含的条的模块的个数为偶数，称为偶排列。商品条码可表示 10 个数字字符：0~9。

3）EAN-13 商品条码的字符表示

（1）起始符、终止符、中间分隔符

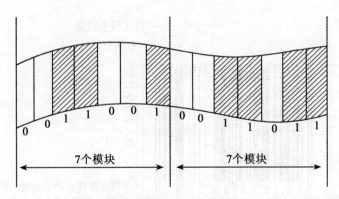

图 2-7 条码字符的构成

EAN-13 商品条码的起始符、终止符的二进制表示都为"101",中间分隔符的二进制表示为"01010",见图 2-9。

(2) EAN-13 商品条码的数据符及校验符

EAN-13 商品条码中的前置码不用条码字符表示,不包括在左侧数据符内。右侧数据符及校验符均用字符集中的 C 子集表示。选用 A 子集还是 B 子集表示左侧数据符取决于前置码的数值,见表 2-2。

表 2-2　　　　　　　　左侧数据符在字符集的选择规则

字符集\代码\前置码	12	11	10	9	8	7
0	A	A	A	A	A	A
1	A	A	B	A	B	B
2	A	A	B	B	A	B
3	A	A	B	B	B	A
4	A	B	A	A	B	B
5	A	B	B	A	A	B
6	A	B	B	B	A	A
7	A	B	A	B	A	B
8	A	B	A	B	B	A
9	A	B	B	A	B	A

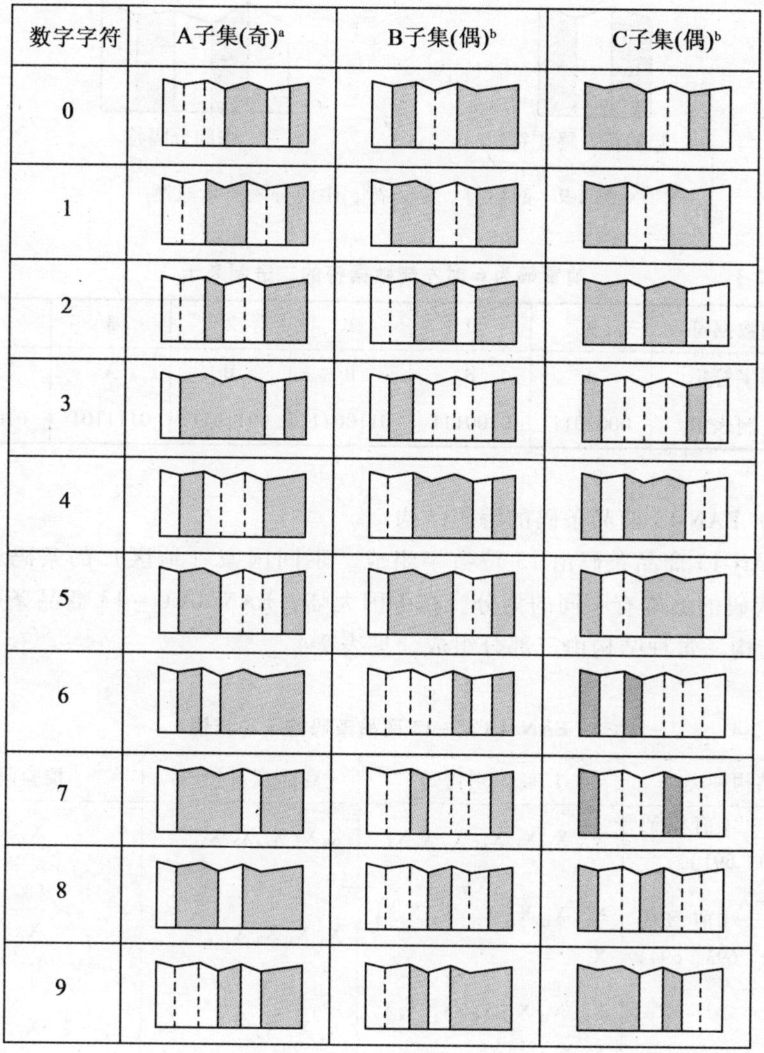

数字字符	A子集(奇)[a]	B子集(偶)[b]	C子集(偶)[b]
0			
1			
2			
3			
4			
5			
6			
7			
8			
9			

图2-8 商品条码字符集的二进制示意图

示例：确定13位数字代码6901234567892的左侧数据符的二进制表示。

第一步：根据表2-2，前置码为6的左侧数据符所选用的字符集依次排列为ABBBAA。

第二步：查表2-2，左侧数据符901234的二进制表示见表2-3。

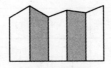

起始符、终止符　　　　　　　　中间分隔符

图 2-9　起始符、终止符、中间分隔符示意图

表 2-3　　　　　　前置码为 6 时左侧数据符的二进制表示

左侧数据符	9	0	1	2	3	4
条码字符集	A	B	B	B	A	A
二进制表示	0001011	0100111	0110011	0011011	0111101	0100011

4) EAN-13 商品条码的编码结构

EAN-13 商品条码由 13 位数字组成。不同国家（地区）的条码组织对 13 位代码的结构有不同的划分。在中国大陆，EAN/UCC－13 商品条码分为三种结构，每种结构由三部分组成，见表 2-4。

表 2-4　　　　　EAN/UCC－13 商品条码的三种结构

结构种类	厂商识别代码	商品项目代码	校验码
结构一（前缀码为 690、691）	$X_{13}\ X_{12}\ X_{11}\ X_{10}\ X_9\ X_8\ X_7$	$X_6\ X_5\ X_4\ X_3\ X_2$	X_1
结构二（前缀码为 692、693、694）	$X_{13}\ X_{12}\ X_{11}\ X_{10}\ X_9\ X_8\ X_7\ X_6$	$X_5\ X_4\ X_3\ X_2$	X_1
结构三	$X_{13}\ X_{12}\ X_{11}\ X_{10}\ X_9\ X_8\ X_7\ X_6\ X_5$	$X_4\ X_3\ X_2$	X_1

2. EAN/UCC-8 商品条码

1) EAN/UCC-8 商品条码的符号结构

EAN/UCC-8 商品条码是 EAN/UCC-13 商品条码的一种补充，用于标识小型商品，它由 8 位数字组成。

EAN/UCC-8 商品条码的条码符号由左侧空白区、起始符、左侧数据符、中间分隔符、右侧数据符、校验符、终止符、右侧空白区及供人识别的字符组成,如图 2-10 所示。EAN-8 各组成部分的模块数如图 2-11 所示。

图 2-10　EAN-8 商品条码的符号

| 左侧空白区 | 起始符 | 左侧数据符(4位数字) | 中间分隔符 | 右侧数据符(3位数字) | 校验符(1位数字) | 终止符 | 右侧空白区 |

（上方标注：81模块；67模块）

图 2-11　EAN-8 商品条码符号构成示意图

　　EAN-8 商品条码符号的起始符、中间分隔符、校验符、终止符的结构与 EAN-13 相同。EAN-8 采用的条码字符集与 EAN-13 相同,其结构中没有厂商识别代码。

　　EAN-8 商品条码符号的左侧空白区与右侧空白区的最小宽度均为 7 个模块宽；供人识读的 8 位数字的位置基本与 EAN-13 相同,但没有前置码,即最左边的一位数字由对应的条码符号表示；为保护左、右侧空白区的宽度,一般在条码符号左、右下角分别加"＜"和"＞"符号。"＜"和"＞"符号的位置见图 2-12。

　　左侧数据符表示 4 位数字信息,由 28 个模块组成。
　　右侧数据符表示 3 位数字信息,由 21 个模块组成。
　　供人识别字符是与条码相对应的 8 位数字,位于条码符号的下方。

图 2-12　EAN-8 空白区中"＜"和"＞"的位置

2）EAN-8 商品条码的字符集

EAN-8 商品条码采用的条码字符集与 EAN-13 相同。

3）EAN-8 商品条码的符号表示

(1) 起始符、终止符、中间分隔符

EAN-8 商品条码的起始符、终止符的二进制表示都为"101",中间分隔符的二进制表示为"01010",其示意图见图 2-9。

(2) EAN-8 商品条码的数据符及校验符

EAN-8 商品条码的左侧数据符由 A 子集表示,右侧数据符和校验符由 C 子集表示。

4）EAN-8 商品条码的编码结构

EAN-8 商品条码的编码结构见图 2-13。

商品项目识别代码	校验码
$N_8\ N_7\ N_6\ N_5\ N_4\ N_3\ N_2$	N_1

图 2-13　EAN-8 商品条码的编码结构图

3. UPC 码

UPC 码可以用 UPC-A 商品条码和 UPC-E 商品条码的符号表示。UPC-A 商品条码是 UPC 码的条码符号表示,UPC-E 码则是在特定条件下将 12 位的 UPC 码消"0"后得到的 8 位代码的 UPC 码符号表示。

1）UPC-A 商品条码的符号结构

UPC-A 商品条码由左侧空白区、起始符、左侧数据符、中间分隔符、右侧数据符、校验符、终止符、右侧空白区及供人识别的字符组成，符号结构基本与 EAN-13 相同，如图 2-14 所示。

图 2-14 UPC-A 商品条码符号

UPC-A 供人识别字符中第一位为系统字符，最后一位是校验字符，它们分别放在起始符与终止符的外侧；并且表示系统字符和校验字符的条码字符的条高与起始符、终止符和中间分隔符的条高相等。

UPC-A 左、右侧空白区的最小宽度均为 9 个模块宽，其他各组成部分的模块数与 EAN-13 相同。

UPC-A 左侧 6 个条码字符均由 A 子集的条码字符组成，右侧数据符及校验符均由 C 子集的条码字符组成。

UPC-A 商品条码是 EAN-13 商品条码的一种特殊形式，UPC-A 条码与 EAN-13 商品条码中的 N_1 = "0" 兼容。

2) UPC-E 商品条码

UPC-E 商品条码不同于 EAN-13 码和 UPC-A 码，也不同于 EAN-8 码，它不含中间分隔符，由左侧空白区、起始符、数据符、终止符、右侧空白区及供人识别的字符组成，如图 2-15 所示。

UPC-E 商品条码的左侧空白区、起始符的模块数同 UPC-A；终止符为 6 个模块，如图 2-16 所示；右侧空白区的最小宽度为 7 个模块。

UPC-E 商品条码有 8 位供人识别的字符，但系统字符和校验符没有条码符号表示，故 UPC-E 仅直接表示 6 个数据字符。

UPC-E 商品条码中的 6 个条码字符的字符子集由校验码决定，其中有 3

图 2-15 UPC-E 条码符号结构

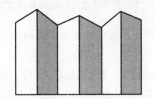

图 2-16 UPC-E 终止符

个为奇排列，选自 A 子集，另外 3 个为偶排列，选自 B 子集，见表 2-5。

表 2-5　　　　　　　　UPC-E 条码字符排列规则

校验码	条码字符集					
	X_7	X_6	X_5	X_4	X_3	X_2
0	B	B	B	A	A	A
1	B	B	A	B	A	A
2	B	B	A	A	B	A
3	B	B	A	A	A	B
4	B	A	B	B	A	A
5	B	A	A	B	B	A
6	B	A	A	A	B	B
7	B	A	B	A	B	A
8	B	A	B	A	A	B
9	B	A	A	B	A	B

3) UPC-12 商品条码的编码结构（见图 2-17）

UCC 厂商识别代码 项目代码 $\longrightarrow \longleftarrow$	校验码
$N_1\ N_2\ N_3\ N_4\ N_5\ N_6\ N_7\ N_8\ N_9\ N_{10}\ N_{11}$	N_{12}

图 2-17　UPC-12 商品条码的编码结构图

2.2.2　三九条码

三九条码是一种条、空均表示信息的非连续型、非定长、具有自校验功能的双向条码，能够对数字、英文字母及其他字符等 44 个字符进行编码。由于具有自检验功能，因此三九条码具有误读率低的优点。

1. 三九条码的符号特性

（1）可编码的字符集：A～Z 和 0～9 的所有字母和数字；特殊字符，如空格、$、%、+、-、.、/；起始符/终止符。

（2）条码类型为非连续型。

（3）每个条码字符共 9 个单元，其中有 3 个宽单元和 6 个窄单元，共包括 5 个条和 4 个空。

（4）条码字符自校验。

（5）可编码的数据串为非定长。

（6）双向可译码。

（7）可以选用符号校验字符。

（8）条码密度取决于条码字符间隔、X 尺寸和宽窄比 N。

（9）非数据字符等于两个符号字符。

2. 三九条码的符号结构

三九条码的每一个条码字符由 9 个单元组成（5 个条单元和 4 个空单元），其中 3 个单元是宽单元（用二进制"1"表示），其余的是窄单元（用二进制"0"表示），故称之为三九条码。

三九条码的符号结构包括左、右两侧空白区、起始符、条码数据符（包括符号校验字符）、终止符。条码字符间隔是一个空，它将条码字符分隔开。在供人识读的字符中，三九条码的起始符和终止符通常用"*"表示。此字符不能在符号的其他位置作为数据的一部分，并且译码器不应将它输出。三九条码的符号结构如图 2-18 所示。

条码技术基础

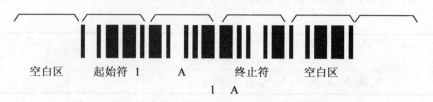

图 2-18　表示 "1A" 的三九条码符号

3. 三九条码的字符集

三九条码可编码的字符集包括：

（1）A～Z 和 0～9 的所有字母和数字；

（2）特殊字符：空格、$、%、+、-、×、/；

（3）起始符/终止符。每个条码字符共 9 个单元，其中 3 个宽单元和 6 个窄单元，共包括 5 个条和 4 个空；非数据字符等于两个符号字符。三九条码字符集表如表 2-6 所示。

表 2-6　　　　　　　　　　三九条码字符集表

字符	编码图案	B	S	B	S	B	S	B	S	B	ASCII 值
0		0	0	0	1	1	0	1	0	0	48
1		1	0	0	1	0	0	0	0	1	49
2		0	0	1	1	0	0	0	0	1	50
3		1	0	1	1	0	0	0	0	0	51
4		0	0	0	1	1	0	0	0	1	52
5		1	0	0	1	1	0	0	0	0	53
6		0	0	1	1	1	0	0	0	0	54
7		0	0	0	1	0	0	1	0	1	55
8		1	0	0	1	0	0	1	0	0	56
9		0	0	1	1	0	0	1	0	0	57
A		1	0	0	0	0	1	0	0	1	65
B		0	0	1	0	0	1	0	0	1	66
C		1	0	1	0	0	1	0	0	0	67

续表

字符	编码图案	B	S	B	S	B	S	B	S	B	ASCII 值
D		0	0	0	0	1	1	0	0	1	68
E		1	0	0	0	1	1	0	0	0	69
F		0	0	1	0	1	1	0	0	0	70
G		0	0	0	0	0	1	1	0	1	71
H		1	0	0	0	0	1	1	0	0	72
I		0	0	1	0	0	1	1	0	0	73
J		0	0	0	0	1	1	1	0	0	74
K		1	0	0	0	0	0	0	1	1	75
L		0	0	1	0	0	0	0	1	1	76
M		1	0	1	0	0	0	0	1	0	77
N		0	0	0	0	1	0	0	1	1	78
O		1	0	0	0	1	0	0	1	0	79
P		0	0	1	0	1	0	0	1	0	80
Q		0	0	0	0	0	0	1	1	1	81
R		1	0	0	0	0	0	1	1	0	82
S		0	0	1	0	0	0	1	1	0	83
T		0	0	0	0	1	0	1	1	0	84
U		1	1	0	0	0	0	0	0	1	85
V		0	1	1	0	0	0	0	0	1	86
W		1	1	1	0	0	0	0	0	0	87
X		0	1	0	0	1	0	0	0	1	88
Y		1	1	0	0	1	0	0	0	0	89
Z		0	1	1	0	1	0	0	0	0	90
-		0	1	0	0	0	0	1	0	1	45
.		1	1	0	0	0	0	1	0	0	46
空格		0	1	1	0	0	0	1	0	0	32

续表

字符	编码图案	B	S	B	S	B	S	B	S	B	ASCII值
$		0	1	0	1	0	1	0	0	0	36
/		0	1	0	1	0	0	0	1	0	47
+		0	1	0	0	0	1	0	1	0	43
%		0	0	0	1	0	1	0	1	0	37
*		0	1	0	0	1	0	1	0	0	无

注：*表示起始符/终止符；B表示条；S表示空；0代表一个窄单元；1代表一个宽单元。

4. 附加特性

1）校验字符

三九条码的校验字符是可选的。对于数据安全性要求比较高的应用，应该使用一个符号校验字符。在这种情况下，此符号校验字符应紧接在最后一个数据字符之后和终止符之前。

如果采用符号校验字符，应该采用以下符号校验字符的算法：

（1）每一个数据字符分配一个数值；

（2）计算出所有数据字符数值的总和；

（3）将数值的总和除以43；

（4）步骤（3）所得的余数值在表2-7中对应的字符就是符号校验字符。译码器可以输出43模数的符号校验字符。

表2-7　　　　　　　三九条码字符值分配表

字符	值	字符	值	字符	值
0	0	F	15	U	30
1	1	G	16	V	31
2	2	H	17	W	32
3	3	I	18	X	33
4	4	J	19	Y	34
5	5	K	20	Z	35

续表

字符	值	字符	值	字符	值
6	6	L	21	-	36
7	7	M	22	.	37
8	8	N	23	空格	38
9	9	O	24	$	39
A	10	P	25	/	40
B	11	Q	26	+	41
C	12	R	27	%	42
D	13	S	28		
E	14	T	29		

43 模校验字符通过译码器输出后，也可用来作为数据校验字符。在计算校验字符时，可以选用 GB/T 17710 标准描述的算法，也可以选用应用规范规定的算法，见表 2-8。这时，在符号制作和信息处理软件中，需要增加一定的计算和检测。这样的数据校验字符应该是数据串的最后一个字符，并应被译码器输出。

表 2-8　　　"三九条码"数据符号校验字符的计算

数据字符	C	O	D	E	空格	3	9	
字符值	12	24	13	14	38	3	9	
字符值的总和	113							
除以 43	113/43 = 2　……27							
数值 27 对应的字符	R							
带有符号校验字符的数据字符	C	O	D	E	空格	3	9	R

2）供人识读的字符

供人识读的字符（及可能使用的校验字符）通常应该同其对应的三九条码一起，表示起始符和终止符的 * 也可印制。字符的大小和字体没有规定,但不应占用空白区,该字符可以印在条码符号周围。

3)可选择的数据传输模式

为了满足特定应用的需要,译码器可以通过编程来识读非标准形式的三九条码符号。这里有以下三个方案:全 ASCII 码、信息追加和控制函数。由于使用这些特性需要特殊的译码程序,所以在一般的应用中不宜使用,以免它们和标准的三九条码符号相互混淆。

(1)全 ASCII 码:使用两个字符号可以将与 GB/T1998 一致的 128 个 ASCII 码全部字符集进行编码,这两个字符由($, + , % , /)4 个字符中的一个和 26 个英文字母中的一个构成。

(2)信息追加:有时将长的信息分割为多个短的符号可以带来一定的方便。如果三九条码符号的第一个字符为空格,经过编程的译码器会将该空格后的信息添加到一个存储缓冲区中(不输出数据)。对于所有由空格开始的 三九条码符号都采用这一操作,一个信息被添加到前一个信息的尾部。当读到的信息头一个字符不是空格,数据库被追加到缓冲区,然后将缓冲区中的整个信息输出,再清空缓冲区。此时,数据的顺序非常重要,应该采取措施确保以正确的次序读取符号。

(3)控制函数:有一种附加的系统专用模式,这一模式可以用于封闭系统,不能用于开放系统。通过将($, % , + , - , . , /)(ASCII 值分别为 36、37、43、45、46、47)集合的两个符号字符进行组合,就能为系统编制 36 个控制函数。译码器将对这些符号进行特殊处理,并执行这些定义过的函数。不应输出这些字符组合的文字翻译,不应采用符号标识符。

2.2.3 128 条码

128 条码是一种长度可变、连续性的条码。与其他一维条码比较起来,128 条码是较为复杂的条码,其所能表示的字符也相对地比其他一维条码多,又有不同的编码方式可供交互运用,因此其使用弹性也较大。128 条码可表示 ASCII 值 为 0～127 的共 128 个字符,故称 128 条码。图 2-19 是 128 条码的图例。

1. 128 条码的符号特性

1)可编码字符集

所有的 128 个 ASCII 字符,即 ASCII 值 为 0～127 的字符,与 GB1988-1998 一致;ASCII 值为 128～255 的字符也可以编码;4 个非功能数据字符;4 个字符集选择字符;3 个起始字符;1 个终止字符。

图 2-19　128 条码

2）编码类型：连续型。

3）每个符号字符由 6 个单元组成（终止符除外），每个条（或空）的宽度为 1、2、3 或 4 个模块。

4）字符自校验。

5）符号长度可变。

6）双向可译码。

7）数据字符密度为每个符号字符有 11 个模块（每个数据字符有 5.5 个模块）。

8）非数据部分有 35 个模块。

2. 128 条码的符号结构

128 条码符号由左侧空白区、起始字符、数据字符、校验字符、终止字符、右侧空白区组成。"AIM"的 128 条码符号的表示见图 2-20。

图 2-20　表示"AIM"的 128 条码符号

3. 128 条码的数据字符编码

（1）128 条码有 3 个独立的数据字符集，分别是字符集 A、字符集 B、字符集 C；

（2）字符集的选择依赖于起始字符、切换字符或转换字符；

（3）通过切换字符和转换字符可以在符号中重新确定字符集；

（4）通过使用不同的起始字符、切换字符和转换字符，不同的 128 条码符号可表示同一数据。

4. 128 条码的字符集

（1）字符集 A：包括所有的大写字母、数字字符、标点字符、控制字符（ASCII 值为 00~95 的字符）以及 7 个特殊字符；

（2）字符集 B：包括所有的大写字母、数字字符、标点字符、小写字母字符（ASCII 值为 32~127 的字符）以及 7 个特殊字符；

（3）字符集 C：包括 100 个数字（00~99 以及 3 个特殊字符）。使用字符集 C 时，用一个符号字符表示 2 位数字。

5. 128 条码的特殊字符

字符集 A 和字符集 B 中的最后 7 个字符以及字符集 C 中的最后 3 个字符是特殊的非数据字符，没有对应的 ASCII 字符。

1）切换字符

切换字符将符号字符集从先前确定的字符集转变到切换字符指定的新的字符集。这种转变适用于切换字符之后的所有字符，直到符号结束或遇到另一个切换字符或转换字符。

2）转换字符

转换字符将转换字符之后的一个字符集 A 转换到字符集 B 或从字符集 B 转换到字符集 A。在被转换字符后边的字符将恢复为转换字符前定义的字符集 A 或字符集 B。被转换的符号字符不能是切换字符或转换字符。

3）功能字符

功能字符（FNC）用于对条码识读设备说明所允许的特殊操作和应用。

4）起始符和终止符

起始字符在符号开始使用相应的字符集，所有字符集的终止符都是一样的。

2.2.4 二五条码

二五条码是一种只有条表示信息的非连续型条码。每一个条码字符由规则排列的 5 个条组成，其中有两个条为宽单元，其余的条和空以及字符间隔是窄单元，故称之为"二五条码"。

二五条码的字符集为数字字符 0~9。图 2-21 是表示"123458"的条码结构。

从图 2-21 可以看出，二五条码由左侧空白区、起始符、数据符、终止

图 2-21　表示"123458"的二五条码

符及右侧空白区构成。空不表示信息，宽条的条单元表示二进制的"1"，窄条的条单元表示二进制的"0"，起始符用二进制"110"表示（2个宽条和1个窄条），终止符用二进制"101"表示（中间是窄条，两边是宽条）。因各字符之间有字符间隔，所以二五条码是非连续型条码。

2.2.5　交插二五条码

1. 交插二五条码的符号特性

（1）可编码字符集：数字字符 0~9（包括 ASCII 字符中的 48~57），与 GB1988-1998 一致。

（2）代码类型：连续型。

（3）每一个符号字符由 5 个单元组成，即 2 个宽单元和 3 个窄单元，编码为 5 个条或 5 个空。

（4）字符自校验。

（5）可编码数据串长度：可变（位数为偶数）。

（6）双向可译码。

（7）符号校验位：一个，可选择。

（8）符号字符密度：根据宽窄比，每个符号字符对由 14~18 个模块组成。

（9）非数据部分：根据宽窄比，8~9 个模块。

2. 交插二五条码的符号结构

交插二五条码是一种条、空均表示信息的连续型、非定长、具有自校验功能的双向条码，其符号结构由左侧空白区、起始符、一个或多个表示数据的符号字符对（包括可选择的符号校验符）、终止符及右侧空白区构成。如图 2-22 所示，它的每一个条码数据符由 5 个单元组成，其中两个是宽单元（用二进制"1"表示），其余是窄单元（用二进制"0"表示）。起始符包括两个窄条和窄空，终止符包括两个条（一个宽条，一个窄条）和一个窄空。

组成条码符号的条码数据符个数为偶数，条码符号从左到右，表示奇数位字符的条码数据符由条组成，表示偶数位字符的条码数据符由空组成。条码数据符所表示的字符个数为奇数时，应在字符串左端添"0"，如图2-23所示。

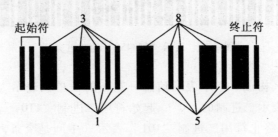

图 2-22 表示"3185"的交插二五条码

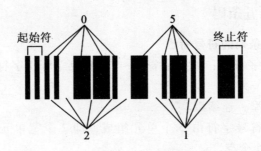

图 2-23 表示"251"的码（字符串左端添"0"）

3. 交插二五条码的数据字符编码

交插二五条码的字符集为数字字符 0~9，字符编码的二进制表示见表 2-9，字符"1"用于表示一个宽单元，字符"0"用于表示一个窄单元。

表 2-9　　　　　交插二五条码字符编码的二进制表示

字符	二进制表示	字符	二进制表示
0	00110	5	10100
1	10001	6	01100
2	01001	7	00011
3	11000	8	10010
4	00101	9	01010

2.2.6 库德巴条码

1. 库德巴条码（Codabar 码）的符号结构

库德巴条码是一种条、空均表示信息的非连续型、非定长、具有自校验功能的双向条码。它由条码字符及对应的供人识别的字符组成。

库德巴条码的符号结构由左侧空白区、起始符、数据符、终止符及右侧空白区构成。它的每一个字符由 7 个单元组成（4 个条单元，3 个空单元），其中 2 个或 3 个是宽单元（用二进制"1"表示），其余是窄单元（用二进制"0"表示）。图 2-24 表示"A12345678B"的库德巴条码。

图 2-24　表示"A12345678B"的库德巴条码

2. 库德巴条码的字符集

库德巴条码的字符集包括：
(1) 数字字符 0~9（10 个数字）；
(2) 英文字母 A~D（4 个字母）；
(3) 特殊字符：-（减号）、$（美元符号）、:（冒号）、/（斜杠）、·（圆点）、+（加号）。

3. 库德巴条码的字符、条码字符及二进制表示

库德巴条码字符集中的字母 A、B、C、D 只用作起始字符和终止字符，其选择可任意组合。当 A、B、C、D 用作终止字符时，亦可分别用 T、N、#、E 来代替。库德巴条码的字符、条码字符及二进制表示见表 2-10。

表 2-10　　字符、条码字符及二进制表示对照表

字符	条码字符	二进制表示条空	字符	条码字符	二进制表示条空
1		0010　001	$		0100　010
2		0001　010	-		0010　010

续表

字符	条码字符	二进制表示条空	字符	条码字符	二进制表示条空
3		1000 100	:		1011 000
4		0100 001	/		1101 000
5		1000 001	.		1110 000
6		0001 100	+		0111 000
7		0010 100	A		0100 011
8		0100 100	B		0001 110
9		1000 010	C		0001 011
0		0001 001	D		0010 011

2.2.7 Databar 条码

为了满足 GS1 系统用户的需求，为非常小的产品项目（如注射器、小瓶、电信电路板）、随机计量的零售项目（如肉、家禽和袋装农产品）、单个农产品项目（如苹果和橘子）、可用空间不足以提供项目所有信息的物流单元（如混合贸易项目托盘的内容信息）提供更好的自动识别方法，GS1 开发了 Databar（原名 RSS）条码符号，即"承载数据的条"。

Databar 条码解决了以下技术问题：部分符号能够被全方位扫描；符号能适应限定的空间，并在有限空间范围内提供足够的信息；符号与现存的广泛应用的采集技术最大化兼容；符号是现存 GS1 系统数据载体的补充；符号提供最简单的解决方案，以满足最大的用户群体。

和其他一维条码相比，Databar 系列码制具有更高的密度，因为它可以表示更多的字符（见表 2-11）。

表 2-11　　　　　　　　　数据密度比较

码　制	每个数字的模块数
ITF-14（交插二五条码）	8.0
EAN/UPC	7.0
UCC/ENA-128	5.5
限定 Databar	4.1

1. Databar 系列条码符号

Databar 条码是 GS1 系统中使用的系列线型码制。Databar 条码符号有 3 种基本类型：Databar-14 系列、限定式 Databar 和扩展式 Databar。其中，Databar-14 系列和扩展式 Databar 系列两种类型具有满足不同应用要求的多种版本。

2. Databar-14 系列

Databar-14 系列对应用标识符 AI（01）单元数据串进行编码。它有 4 个版本：截短式 Databar-14 系列、层排式 Databar-14 和全方位层排式 Databar-14。所有 4 种版本采用同样的方式进行编码。层排式 Databar-14 是 Databar-14 的一个变体，在应用中，当 Databar-14 太宽时，可以进行两行堆叠。它有两个版本：适宜于小项目标识的截短版本和适用于全方位扫描器识别的高级版本。

图 2-25 表示 Databar-14 的结构，一个 Databar-14 符号包括 4 个数据字符和 2 个定位图形。Databar-14 系列在 4 个独立的段中能够被扫描，每个由一个数据字符和相邻的定位图形组成。两个定位图按 79 的校验值编码，以保证数据的安全。

图 2-25　Databar-14 条码的符号结构

左、右两侧的保护符由一个窄条和窄空组成。Databar-14 不需要空白区。

1）Databar-14

Databar-14 条码符号是为全方位扫描器设计的。其宽为 96X，高为 33X，以 1X 的空开始，以 1X 的条结束（X 表示一个模块的宽度）。例如，模块大小为 0.25mm（0.010 英寸）的 Databar-14 条码符号，其宽为 24 mm（0.96 英寸），高为 8.25 mm（0.33 英寸）。见图 2-26。

2）截短式 Databar-14

截短式 Databar-14 是将 Databar-14 条码符号高度减小的版本，主要是为了不需要全方位扫描识别的小项目设计的。其宽为 96 X，高为 13X，两行之间分隔符的高度为 1X。例如，模块大小为 0.25mm（0.010 英寸）的截短式 Databar-14 符号，其宽为 24mm（0.96 英寸），高度为 3.25 mm（0.13 英寸）。见图 2-27。

(01) 20012345678909
图 2-26　Databar-14

00012345678905
图 2-27　截短式 Databar-14

3）层排式 Databar-14

层排式 Databar-14 是 Databar-14 条码符号高度减小、两行堆叠的版本，主要是为了不需要用全方位扫描器识别的小项目设计的。其宽为 50X，高为 13X，两行之间分隔符的高度为 1X。例如，模块大小为 0.25mm（0.010 英寸）的层排式 Databar-14 符号，其宽为 12.5mm（0.5 英寸），高为 3.25mm（0.13 英寸）。见图 2-28。

4）全方位层排式 Databar-14

全方位层排式 Databar-14 是由两行完全高度 Databar-14 堆叠而成的，是为了全方位扫描器识读设计的。其宽为 50X，高为 69X，两行之间分隔符的高度为 1X。例如，模块大小为 0.25mm（0.010 英寸）的全方位层排式 Databar-14 符号，其宽度为 12.5mm（0.50 英寸），高为 17.25 mm（0.69 英寸）。见图 2-29。

3. 限定式 Databar

限定式 Databar 对应用标识符 AI（01）单元数据串进行编码。这个单元数据串是建立在 UCC-12、EAN/UCC-8、EAN/UCC-13 或 EAN/UCC-14 数据结构基础上的。然而，当使用 EAN/UCC-13 或 EAN/UCC-14 数据结构时，只允许指示符的值为 1。当指示符数值大于 1 时，必须用 Databar-14 系列来表示 EAN/UCC-14 的数据结构。

第 2 章 一维条码

(01) 00012345678905

图 2-28 层排式 Databar-14

(01) 00034567890125

图 2-29 全方位层排式 Databar-14

限定式 Databar 条码是为了不需要全方位扫描识别的小项目的 POS 系统设计的。其宽为 74X，高为 10X，以 1X 的空开始，1X 的条结束。例如，模块大小为 0.25mm（0.010 英寸）的限定式 Databar 条码，其宽为 18.5mm（0.74 英寸），高为 2.5mm（0.10 英寸）。见图 2-30。

限定式 Databar 包括两个数据符和一个校验字符。校验字符对以 89 为模的校验值进行编码，以保证数据的安全。

左、右两侧保护符由一个窄条和一个窄空组成。限定式 Databar 条码不需要空白区。

图 2-30 限定式 Databar 条码的结构

4. 扩展式 Databar 系列

扩展式 Databar 系列是长度可以变化的线型码制，能够对 74 个数字字符或 41 个字母字符的 AI 单元数据串数据进行编码。扩展式 Databar 主要是为了 POS 系统和其他应用系统中项目的主要数据和补充数据进行编码设计的。它除了可以被全方位槽式扫描器扫描外，还具有和 UCC/EAN-128 条码相同的作用。主要是为重量可变的商品、易变质的商品、可跟踪的零售商品和代金券设计的。

图 2-31 为具有六个段的扩展式 Databar。扩展式 Databar 系列包含一个校验字符、3~21 个数据字符、2~11 个定位图形，这取决于条码的长度。扩展式 Databar 符号的每个段都能够被扫描，每个段由数据字符或校验字符和相邻的定位图形组成。校验字符对以 211 为模的校验值进行编码，以保证数据安全。

左、右两侧保护符由一个窄条和一个窄空组成。扩展式 Databar 条码不需要空白区。

图 2-31　扩展式 Databar 系列的结构

1) 扩展式 Databar

扩展式 Databar 条码符号的宽度可以变化（从 4~22 个符号字符，或者宽度从最小的 102X 到最大的 534X），高度为 34X。条码以 1X 的空开始，以 1X 的条或者空结束。例如，图 2-32 所示的模块大小为 0.25mm（0.010 英寸）的扩展式 Databar 条码，其宽为 37.75mm（1.51 英寸），高为 8.5mm（0.34 英寸）。

图 2-32　扩展式 Databar

2) 扩展层排式 Databar

扩展层排式 Databar 条码符号是扩展式 Databar 的多行堆叠版本。它可以被印刷成 2~20 个段，有 2~11 行。它的结构包括行与行之间的 3 个模块高的分隔符。它主要是为全方位扫描器（如零售槽式扫描器）设计的。图 2-33 表示模块大小为 0.25mm（1.02 英寸）的扩展层排式 Databar，其宽为 25.5mm（1.02 英寸），高为 17.75mm（0.71 英寸）。

当条码区域或印刷结构不够宽，不能容纳完整的单行扩展 Databar 时，使用扩展层排式 Databar。它主要是为重量可变的商品、易变质商品、可跟踪的零售商品和赠券而设计的。

图 2-33 扩展层排式 Databar

2.2.8 常用一维条码码制的区别

常用一维条码码制的区别如表 2-12 所示。

表 2-12　　　　　常用一维条码码制的区别

种类	长度	排列	校验	字符符号码元结构	标准字符集	其他
EAN-13 EAN-8	13 位 8 位	连续	校验码	7 个模块，2 条、2 空	0~9	EAN-13 为标准版 EAN-8 为缩短版
UPC-A UPC-E	12 位 8 位	连续	校验码	7 个模块，2 条、2 空	0~9	UPC-A 为标准版 UPC-E 为压缩版
三九码	可变长	非连续	自检验校验码	4 空，其中 3 个宽单元，6 个窄单元	0~9、A~Z、-、$、/、+、%、*、.、空格	"*"用作起始符和终止符，密度可变，有串联性，亦可增设校验码
二五条码	可变长	非连续	自校验	14 个模块，5 个条，其中 2 个宽单元，3 个窄单元	0~9	空不表示信息，密度低

续表

种类	长度	排列	校验	字符符号码元结构	标准字符集	其他
交插二五条码	定长或可变长	连续	自校验校验码	18个模块表示2个字符，5个条表示奇数位，5个空表示偶数位	0~9	表示偶数位个信息编码，密度高，EAN、UPC的物流码采用该码制
库德巴条码	可变长	非连续	自校验	7个单元，4条、3空	0~9、A~D、\$、+、-、/	有18种密度
128条码	可变长	连续	校验码	11个模块，3条、3空	3个字符集覆盖了128个全ASCII码	有功能码，对数字码的密度最高

第3章 二维条码

3.1 二维条码简介

3.1.1 二维条码符号

二维条码（2-dimensional bar code）是用某种特定的几何图形按一定规律在平面（二维方向上）分布的黑白相间的图形记录数据信息；在代码编制上，巧妙地利用构成计算机内部逻辑基础的"0"、"1"比特流的概念，使用若干个与二进制相对应的几何形体来表示文字数值信息，通过图像输入设备或光电扫描设备自动识读，以实现信息自动处理。它具有一维条码的一些共性：每种码制有其特定的字符集；每个字符占有一定的宽度；具有一定的校验功能等。同时还具有对不同行的信息自动识别功能及处理图形旋转变化等特点。

二维条码（通常称为二维码）能够在横向和纵向两个方位同时表示信息，因此能在很小的面积内表达大量的信息。

3.1.2 二维条码的分类

二维条码可以分为堆叠式/行排式二维条码和矩阵式二维条码。堆叠式/行排式二维条码形态上是由多行截短的一维条码堆叠而成；矩阵式二维条码是以矩阵的形式组成的，在矩阵相应元素位置上用"点"表示二进制"1"，用"空"表示二进制"0"，由"点"和"空"的排列组成代码。

1. 堆叠式/行排式二维条码

堆叠式/行排式二维条码（又称堆积式二维条码或层排式二维条码），其编码原理是建立在一维条码基础上的，按需要堆积成二行或多行。它在编码设计、校验原理、识读方式等方面继承了一维条码的一些特点，识读设备、条码印刷与一维条码技术兼容。但由于行数的增加,需要对行进行判定,其译码算法与软件也不完全同于一维条码。有代表性的行排式二维条码有 Code 16K、Code 49、PDF417 等。

2. 矩阵式二维条码

矩阵式二维条码(又称棋盘式二维条码)是在一个矩形空间通过黑、白像素在矩阵中的不同分布进行编码的。在矩阵相应元素的位置上,用点(方点、圆点或其他形状)表示二进制"1",用空表示二进制"0",点的排列组合确定了矩阵式二维条码所代表的意义。矩阵式二维条码是建立在计算机图像处理技术、组合编码原理等基础上的一种新型图形符号自动识读处理的码制。具有代表性的矩阵式二维条码有 Code One、Maxi Code、QR Code、Data Matrix 等。

在目前几十种二维条码中,常用的码制有 PDF417 二维条码、Datamatrix 二维条码、Maxicode 二维条码、QR Code、Aztec 码、Code 49、Code 16K、Code one、汉信码等。除了这些常见的二维条码之外,还有 Vericode 条码、CP 条码、Codablock F 条码、田字码、Ultracode 条码。

3.1.3 二维条码的特点

1. 基本特征

二维条码有如下基本特征:

(1)高密度编码,信息容量大,比普通条码信息容量约高几十倍。

(2)编码范围广。该条码可以把图片、声音、文字、签字、指纹等可以数字化的信息进行编码,用条码表示出来;可以表示多种语言文字;可表示图像数据。

(3)容错能力强,具有纠错功能,这使得二维条码因穿孔、污损等引起局部损坏时,照样可以正确地得到识读。

(4)译码可靠性高。它比普通条码译码错误率百万分之二要低得多,误码率不超过千万分之一。

(5)可引入加密措施,故保密性、防伪性好。

(6)成本低,易制作,持久耐用。

(7)条码符号的形状、尺寸大小比例可变。

(8)二维条码可以使用激光或 CCD 阅读器识读。

2. 二维条码与磁卡、IC 卡、光卡的特点比较

二维条码与磁卡、IC 卡、光卡的特点比较见表3-1。

表 3-1　　　　　二维条码与磁卡、IC 卡、光卡的特点比较

特　点	二维条码	磁　卡	IC 卡	光　卡
抗磁力	强	弱	中等	强
抗静电	强	中等	中等	强
抗损性	强	弱	弱	弱
	可折叠	不可折叠	不可折叠	不可折叠
	可局部穿孔	不可穿孔	不可穿孔	不可穿孔
	可局部切割	不可切割	不可切割	不可切割

3.1.4　二维条码与一维条码的区别

由于二维条码与一维条码的特点不同，它们的主要区别如下。

一维条码只是在一个方向（一般是水平方向）表达信息，而在垂直方向则不表达任何信息，其一定的高度通常是为了便于阅读器的对准。一维条码的应用可以提高信息录入的速度，减少差错率，可直接显示内容为英文、数字、简单符号；储存数据不多，主要依靠计算机中的关联数据库；保密性能不高；污损后可读性差。

二维条码是在水平和垂直方向的二维空间存储信息的条码，可直接显示英文、中文、数字、符号、图形；其储存数据量大，可用识读设备直接读取内容，无需另接数据库；保密性高（可加密）；读取率高、错误纠正能力强。

在超级市场看到商品上的条码和储运包装物上的条码基本上是一维条码（见图 3-1（b）），其原理是利用条码的粗细及黑白线条来代表信息，当拿扫描器来扫描一维条码时，即使将条码上下遮住一部分，其所扫描出来的信息都是一样的。

从符号学的角度讲，二维条码和一维条码都是信息表示、携带和识读的手段。但从应用角度讲，尽管在一些特定场合，我们可以选择其中的一种来满足需要，但它们的应用侧重点是不同的：一维条码用于对"物品"进行标识，二维条码用于对"物品"进行描述。

二维条码与一维条码的比较见表 3-2。

(a) 二维条码　　　　　　　(b) 一维条码

图 3-1　二维条码与一维条码

表 3-2　　　　　　　　二维条码与一维条码的比较

条码类型	信息密度与信息容量	错误校验及纠错能力	垂直方向是否携带信息	用途	对数据库和通信网络的依赖	识读设备
一维条码	信息密度低，信息容量较小	可通过校验字符进行错误校验，没有纠错能力	不携带信息	对物品的标识	多数应用场合依赖数据库及通讯网络	可用线扫描器识读，如光笔、线阵 CCD、激光枪等
二维条码	信息密度高，信息容量大	具有错误校验和纠错能力，可根据需求设置不同的纠错级别	携带信息	对物品的描述	可不依赖数据库及通讯网络而单独应用	对于行排式二维条码可用线扫描器的多次扫描识读；对于矩阵式二维条码仅能用图像扫描器识读

3.2　有代表性的二维条码

3.2.1　PDF417 条码

PDF 取自英文 Portable Data File 三个单词的首字母，意为"便携数据文件"。因为组成条码的每一符号字符都是由 4 个条和 4 个空共 17 个模块构成，所以称为 PDF417 条码（见图 3-2）。

图 3-2　PDF417 条码

1. PDF417 条码的基本特性

PDF417 条码是一种多层、可变长度、译码可靠性高、保密、防伪性能好、具有高容量和纠错能力的二维条码。PDF417 条码可以容纳 1848 个字母字符或 2729 个数字字符，约 500 个汉字信息。PDF417 条码的误码率不超过千万分之一，译码可靠性极高。PDF417 二维条码采用了世界上最先进的数学纠错算法，如果条码破损面积不超过 50%，由于沾污、破损等所丢失的信息一般都可破译出来。表 3-3 列举了 PDF417 条码的特性。

表 3-3　　　　　　　　　PDF417 条码的特性

项目	特性
可编码字符集	全 ASCII 字符或 8 位二进制数据，多达 811800 种不同的字符集或解释
类型	连续型、多行
字符自校验功能	有
符号尺寸	可变，高度 3～90 行，宽度 90～583 个模块宽度
双向可读	是
错误纠正码词数	2～512 个
最大数据容量（错误纠正级别为 0 时）	每个符号表示 1850 个文本字符或 2710 个文本字符或 1108 个字节
附加特性	可选错误纠正级别、可跨行扫描、宏 PDF417 条码、全球标记标识符等

2. PDF417 条码的符号结构

每一个 PDF417 符号由空白区包围的一序列层组成。

每一层包括左空白区、起始符、左层指示符号字符、1到30个数据符号字符、右层指示符号字符、终止符、右空白区。其符合结构见图3-3。

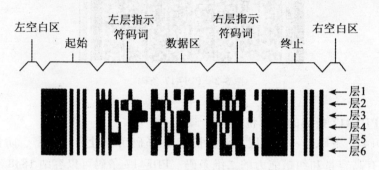

图3-3 PDF417符号结构图

每一个PDF417条码符号均由多层堆积而成,其层数为3~90。每一层条码符号由起始/终止符、每层的左、右层指示符及1~30个符号字符组成。每一个符号字符由17个模块构成,其中包含有4个条和4个空,每个条、空由1~6个模块组成。

由于层数及每一层的符号字符数是可变的,故PDF417条码符号的高宽比,即纵横比(aspect ratio)是可以变化的,以适应于不同可印刷空间的要求。

每一个PDF417条码符号字符包括4个条和4个空,每一个条或空由1~6个模块组成。在一个符号字符中,4个条和4个空的总模块数为17,见图3-4。

3. PDF417编码字符集

PDF417的字符集可分为三个相互独立的子集,即0、3、6三个簇号。每一簇均以不同的条、空搭配形式表示929个符号字符值即码词,故每一簇不可能与其他簇混淆。对于每一特定的行,使用符号字符的簇号用以下公式计算:

$$簇号 = [(行号 - 1) \bmod 3] \times 3$$

PDF417可编码字符集包括全ASCII字符或8位二进制数据,可表示汉字。不同的数据组合模式的编码方式不同。具体如下:文本压缩模式允许对所有可打印的ASCII码编码,如与ISO/IEC 646标准一致的VALUES 32-126和有选择的控制字符;字节压缩模式允许对256个8比特长的二进制编码值编码,这256个编码值包括值为0~127的ASCII码,并规定支持国际字符

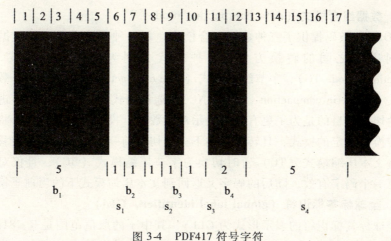

图 3-4 PDF417 符号字符

集；数字编码模式允许对较长的数据数字串编码，总共有 811、800 个不同的字符集，还有许多用于控制目的的功能代码词。

4. 错误纠正码词（error correction codeword）

通过错误纠正码词，PDF417 条码拥有纠错功能。每个 PDF417 条码符号需两个错误纠正码词进行错误检测，并可通过用户定义纠错等级 0～8 共 9 级，可纠正多达 510 个错误码词。级别越高，纠正能力越强。由于这种纠错功能，使得污损的 PDF417 条码也可以被正确识读。错误纠正码词的生成是根据 Reed-Solomoon 错误控制码算法计算的。经过模式压缩的码字不但能还原成所表示的信息，还作为生成错误纠正码词的多项式的系数。对于一组给定的数据码字和选定的错误纠正等级，错误纠正码字 CI 为符号数据多项式 D（X）乘以 XK，除以生成多项式 G（X），所得余式的各系数的补数。具体计算实例见 GB/T17172-1997 四一七条码。在通常情况下，按推荐值使用错误纠正等级。如表 3-4 所示。

表 3-4   417 条码推荐使用的错误纠正等级

数据码字数	错误纠正等级
1～40	2
41～160	3
161～320	4
321～863	5

5. 数据组合模式（data compaction mode）

PDF417 条码提供了三种数据组合模式，每一种模式定义一种数据序列与码词序列之间的转换方法。三种模式分别为文本组合模式（text compaction，Mode-TC）、字节组合模式（byte compaction，Mode-BC）、数字组合模式（numeric compaction，Mode-NC）。通过模式锁定和模式转移进行模式间的切换，目的是为了更有效地表示对象数据。模式锁定码字用于将当前模式转换为指定的模式，且转换后在下一个切换前一直有效。模式转移码字用于将文本压缩模式（TC）暂时切换为字节压缩模式（BC），且仅对切换后的第一个码字有效，随后的码字又返回到文本压缩模式下的当前子模式。

6. 全球标签标识符（global label identifier，GLI）

全球标签标识符的表示形式为 GLI y，其中 y 的取值范围是 0~811799。其缺省表示为 GLI 0、GLI 1，表示 GB/T 15273.1 中规定的字符集。组合模式表示的数据序列的译解由全球标签标识符分配，一个 GLI 是一个特殊的符号字符，它可激活一组解释，GLIS 的应用使 PDF417 可以表示国际语言集以及工业或用户定义的字符集。具体应用如下：GLI0-GLI899 用于国际字符集；GLI900-GLI810899 用于通用目的；GLI810900-GLI811799 用于用户自定义。

7. PDF417 的其他特性

在相对理想的环境中，不可能损坏条码标签，故可利用截短 PDF417 符号。这种版本省略了右层标识符，并将终止符缩减到一个模块宽的条。截短 PDF417 条码与普通 PDF417 完全兼容。

3.2.2 快速响应矩阵码

1. 快速响应矩阵码的特点

快速响应矩阵码（quick response code，QR Code）如图 3-5 所示。

1）超高速识读

从快速响应矩阵码的英文名称可以看出，超高速识读是快速响应矩阵码区别于 PDF417、Data Matrix 等二维条码的主要特点。用 CCD 二维条码识读设备，每秒可识读 30 个快速响应矩阵码条码字符；对于含有相同数据信息的 PDF417 条码字符，每秒仅能识读 3 个条码字符；对于 Data Martix 矩阵码，每秒仅能识读 2~3 个条码字符。快速响应矩阵码具有的唯一的寻像图形使识读器识读简便，具有超高速识读性和高可靠性，具有的校正图形可有效解决基底弯曲或光学变形等情况的识读问题，使它适宜应用于工业自动化

图 3-5 QR Code 条码

生产线管理等领域。

2) 全方位识读

快速响应矩阵码具有全方位（360°）识读的特点，这是快速响应矩阵码优于行排式二维条码如 PDF417 条码的另一主要特点。

3) 能够有效地表示中国汉字、日本文字

快速响应矩阵码用特定的数据压缩模式表示中国汉字和日本文字，具体的转换方法是：对于内码的高字节在 A1~AA（十六进制）、低字节在 A1~FE 范围内的分别都减去 A1，将高位字节的结果乘以 60H，再加上低位的差，其和用 13 位的二进制转换即可。同理，对于高位字节在 B0~FA 范围的则要减 A6，再进行相同的计算和转换，这样就仅用 13bit 可表示一个汉字，而 PDF417 条码、Data Martix 等二维条码没有特定的汉字表示模式，需用 16bit（2 个字节）表示一个汉字。因此，QR Code 比其他二维条码表示汉字的效率提高了 20%。

4) 快速响应矩阵码与 Data Martix 和 PDF 417 的比较

快速响应矩阵码、Data Martix 和 PDF 417 的比较见表 3-5。

表 3-5　　　　快速响应矩阵码、Data Martix 和 PDF417 的比较

码　　制	QR Code	Data Martix	PDF 417
符号结构			
研制公司	Denso Corp. （日本）	I. D. Matrix Inc. （美国）	Symbol Technolgies Inc （美国）
码制分类	矩阵式	矩阵式	行排式
识读速度*	30 个/s	2~3 个/s	3 个/s
识读方向	全方位（360°）	全方位（360°）	±10°
识读方法	深色/浅色模块判别	深色/浅色模块判别	条空宽度尺寸判别
汉字表示	13bit	16bit	16bit

2. 快速响应矩阵码的基本特性

快速响应矩阵码的基本特性见表 3-6。

表 3-6　　　　快速响应矩阵码符号的基本特性

项　　目	特　　性
符号规格	21×21 模块（版本 1）-177×177 模块（版本 40） （每一规格：每边增加 4 个模块）
数据类型与容量（指最大规格符号版本 40-L 级）	数字数据 7089 个字符 字母数据 4296 个字符 8 位字节数据 2953 个字符 中国汉字、日本文字数据 1817 个字符
数据表示方法	深色模块表示二进制"1"，浅色模块表示二进制"0"
纠错能力	L 级：约可纠错 7% 的数据码字 M 级：约可纠错 15% 的数据码字 Q 级：约可纠错 25% 的数据码字 H 级：约可纠错 30% 的数据码字

续表

项 目	特 性
结构链接（可选）	可用 1~16 个 QR Code 条码符号表示
掩模（固有）	可以使符号中深色和浅色模块的比例接近 1:1，使因相邻模块的排列造成译码困难时的可能性降为最小
扩充解释（可选）	这种方式使符号可以表示缺省字符集以外的数据（如阿拉伯字符、古斯拉夫字符、希腊字母等），以及其他解释（如用一定的压缩方式表示的数据）或者针对行业特点的需要进行编码
独立定位功能	有

3. 快速响应矩阵码的编码字符集

（1）数字型数据（数字 0~9）；

（2）字母数字型数据（数字 0~9；大写字母 A~Z；9 个其他字符：space、$ 、%、*、+、-、·、/、:）；

（3）8 位字节型数据；

（4）日本文字字符；

（5）中国汉字字符（GB 2312《信息交换用汉字编码字符集 基本集》对应的汉字和非汉字字符）。

3.2.3 汉信码

1. 汉信码技术的特点

1）信息容量大

汉信码可以用来表示数字、英文字母、汉字、图像、声音、多媒体等一切可以二进制化的信息，并且在信息容量方面远远领先于其他码制（见表 3-7 和图 3-6）。

表 3-7　　　　　　　　　　　汉信码的数据容量

数　　字	最多 7829 个字符
英文字符	最多 4350 个字符
汉字	最多 2174 个字符
二进制信息	最多 3262 字节

图 3-6　汉信码的数据容量

2）具有高度的汉字表示能力和汉字压缩效率

汉信码支持 GB18030 中规定的 160 万个汉字信息字符，并且采用 12 比特的压缩比率，每个符号可表示 12～2174 个汉字字符（见图 3-7）。

图 3-7　汉信码的汉字压缩效率

3）编码范围广

汉信码可以将照片、指纹、掌纹、签字、声音、文字等凡可数字化的信息进行编码。

4）支持加密技术

汉信码是第一种在码制中预留加密接口的条码，它可以与各种加密算法和密码协议进行集成，因此具有极强的保密防伪性能。

5）抗污损和畸变能力强

汉信码具有很强的抗污损和畸变能力，可以被附着在常用的平面或桶装物品上，并且可以在缺失两个定位标的情况下进行识读（见图 3-8）。

6）修正错误能力强

汉信码采用世界先进的数学纠错理论，采用太空信息传输中常采用的 Reed-Solomon 纠错算法，使得汉信码的纠错能力可以达到 30%。

7）可供用户选择的纠错能力

汉信码提供四种纠错等级，使得用户可以根据自己的需要在 8%、

图 3-8　汉信码的抗污损和畸变能力

15%、23% 和 30% 各种纠错等级上进行选择，从而具有高度的适应能力。

8）容易制作且成本低

利用现有的点阵、激光、喷墨、热敏/热转印、制卡机等打印技术，即可在纸张、卡片、PVC 甚至金属表面上印出汉信码。由此所增加的费用仅是油墨的成本，因此真正称得上是一种"零成本"技术。

9）条码符号的形状可变

汉信码支持 84 个版本，可以由用户自主进行选择，最小码仅有指甲大小。

10）外形美观

汉信码在设计之初就考虑到人的视觉接受能力，所以较之现有国际上的二维条码技术，汉信码在视觉感官上具有突出的特点。

2. 符号的基本特性

汉信码是矩阵型符号，具有独立定位功能和自动鉴别能力。它还具有如下特性：

1）编码信息

（1）数字型字符（数字 0~9）；

（2）字母型字符（见 GB/T 11383 信息处理 信息交换用八位代码结构和编码规则）；

（3）汉字字符（见 GB18030 信息技术 中文编码字符集）；

（4）图像、声音等不属于上述类型的二进制信息。

2）数据表示法

深色模块表示二进制"1"，浅色模块表示二进制"0"。

3）符号规格（不包括空白区）

23×23 模块到 189×189 模块（版本 1 到 84，每一版本符号比前一版本符号每边增加 2 个模块）。

  4）编码容量

  数字：7827；

  字母型字符：4350；

  常用一区汉字：2174；

  常用二区汉字：2174；

  二字节汉字：1739；

  四字节汉字：1044；

  二进制数据：3262。

  5）纠错的选择

4 种纠错等级，可恢复的码字比例分别为：

L_1：8%

L_2：15%

L_3：23%

L_4：30%

3. 符号的附加特性

1）掩模（固有）

可以使符号中深色与浅色模块的比例接近 1:1，使因相邻模块的排列而影响高效译码的可能性降为最小。

2）扩充解释（可选）

扩充解释协议允许对汉信码译码输出数据流与缺省字符集有不同解释的协议。这种方式使符号可以表示缺省字符集以外的数据（如阿拉伯字符、古斯拉夫字符、希腊字母等）以及其他数据解释（如用一定的压缩方式表示的数据），或者对行业特点的需要进行编码。

4. 符号结构

每个汉信码符号由 $n \times n$ 个正方形模块组成的一个正方形阵列构成，整个码图区域由信息编码区与功能图形区构成，其中功能图形区主要包括寻像图形、寻像图形分割区与校正图形。功能图形不用于数据编码。码图符号的四周为 3 模块宽的空白区。图 3-9 是 24 版本的汉信码符号结构图。

1）符号版本

汉信码符号共有 84 种规格，分别从版本 1 到版本 84。版本 1 的规格为 23 模块×23 模块，版本 2 为 25 模块×25 模块，依次类推，每一版本符号比前一版本每边增加 2 个模块，直到版本 84，其规格为 189 模块×189

第3章 二维条码

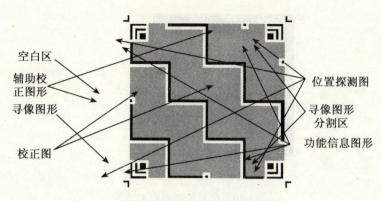

图 3-9 24 版本的汉信码符号结构图

模块。

2）寻像图形

汉信码图的寻像图形为 4 个位置探测图形，分别位于符号的左上角、右上角、左下角和右下角，如图 3-10 所示。各位置探测图形的形状相同，只是摆放的朝向不同，位于右上角和左下角的寻像图形摆放朝向相同，位于右下角和左上角的寻像图形摆放朝向相反。位置探测图形大小为 7×7 个模块，整个位置探测图形可以理解为将 3×3 个深色模块沿着其左边和上边外扩 1 个模块宽的浅色边，后继续分别外扩 1 个模块宽的深色边、1 个模块宽的浅色边、1 个模块宽的深色边所得。其扫描的特征比例为 1:1:1:1:3 和 3:1:1:1:1（沿不同方向扫描所得的值不同）。识别组成寻像图形的 4 个位置探测图形可以明确地确定视场中符号的位置和方向。

3）寻像图形分割区

在每个位置探测图形和编码区域之间，有宽度为 1 个模块的寻像图形分割区，它是一个由两个宽为 1 个模块、长为 8 个模块的浅色模块矩形垂直连接成的直角边图形，如图 3-9 所示。

4）校正图形

汉信码的校正图形是一组由深浅相邻边组成的阶梯形的折线，以及排布于码图四个边缘上的 6 个（5 个浅色，1 个深色）模块组成的辅助校正图形，如图 3-9 所示。整个校正图形的排布分为两种情况，其中码图最下角的两条校正折线长度是一个特殊值 r，而剩余区域的校正折线则是平均分布，宽度为 k。对不同版本的码图，其校正图形的排布各有差异，各版本校正折

图 3-10 位置探测图形的结构

线的 r 与 k 的值以及平分为 k 模块宽的个数 m 满足关系：

$$r + m \times k = n$$

对于版本小于 3 的码图，没有任何校正图形。在码图的四个边缘上，在校正图形交点和相邻码图顶点之间以及相邻校正图形的交点之间，排布 6 模块大小的辅助校正图形，其中一个模块为深色，其余 5 个模块为浅色，见图 3-9。

3.3 复合码

GS1 复合码是将 GS1 系统的一维条码和二维条码复合组份组合起来的一种码制。一维条码组份对项目的主要标识进行编码。相邻的二维条码复合组份对附加数据如批号和有效日期进行编码。

GS1 复合码有 A、B、C 三种复合码类型，每种分别有不同的编码规则。设计编码模型可以自动选择准确的类型并进行优化。

用于表示项目主要标识的线性组份可以被所有扫描器识别，二维条码的复合组份可以被线型的、面阵的 CCD 扫描器以及线型的光栅激光扫描器识读。

二维条码组份给 GS1 系统的一维条码增加了用以表示附加信息的应用标识符单元数据串。

3.3.1 GS1 复合码概述

GS1 复合码的二维条码复合组份印刷在一维条码组份之上，两个组份被分隔符所分开。在分隔符和二维条码复合组份之间允许最多3个模块宽的空，以便可以更容易地分别印刷两种组份。

一维条码组份是下列条码中的一种：
- EAN/ UPC 码制（EAN-13、EAN-8、UPC-A，或者 UPC-E）；
- Databar 系列条码符号；
- UCC/EAN-128 条码。

一维条码组份的选择决定了 GS1 复合条码的名称，如 EAN-13 复合码，或者 UCC/EAN-128 复合码。

二维条码复合组份（简写为 CC）是根据一维条码组份和需要进行编码的附加数据的数量来选择的。有3种二维条码复合组份，按照最大数据容量排列如下：

CC-A——微 PDF417 的变体，最多 56 位；
CC-B——新编码规则的微 PDF417，最多 338 位；
CC-C——新编码规则的 PDF417 条码，最多 2361 位。

如果两种组份同时印刷，应按照图 3-11 所示的对齐。

图 3-11 具有 CC-A 的限定式 Databar 复合条码

在图 3-11 中，AI（01）全球贸易项目代码（GTIN）在限定式 Databar 线性组份中进行编码。AI（17）有效期和 AI（10）批号在 CC-A 二维条码复合组份中进行编码。

在图 3-12 中，一维条码组份 UCC/EAN-128 对 AI（01）GTIN 进行编码。CC-C 二维条码复合组份对 AI（10）批号和 AI（410）交货地址进行编码。

图 3-12 具有 CC-C 的 UCC/EAN-128 复合条码

3.3.2　GS1 复合码的基本特征

1. 可编码字符集

1）一维条码组份

EAN/UPC 码、Databar-14 系列条码和限定式 Databar 条码：数字 0~9。

UCC/EAN-128 条码和扩展式 Databar 条码：国际标准 ISO/IEC646 的表 1 中，包括大写英文字母、小写英文字母、数字、空格、20 个特定的标点符号字符以及功能字符（FUNI）。

2）二维条码复合组份

所有类型：UCC/EAN-128 条码和具有符号分隔符的扩展式 Databar 条码包含的所有字符类型。

此外，对 CC-B 和 CC-C，还包括二维条码复合组份换码字符。

2. 符号字符结构

根据一维条码和二维条码复合组份的不同，选择使用不同的 (n, k) 符号字符。

3. 编码类型

一维条码组份：连续、线型条码符号。

二维条码复合组份：连续、多行条码符号。

4. 最大数字数据容量

1）一维条码组份

UCC/EAN-128 条码：最多 48 位；

EAN/UPC 条码：8、12 或 13 位；

扩展式 Databar 条码：最多 74 位；

其他 Databar 条码：16 位。

2）二维条码复合组份

CC-A：最多 56 位；

CC-B：最多 338 位；

CC-C：最多 2361 位。

5. 错误检测和校正

一维条码组合：以校验值为模进行校验。

二维条码复合组份：固定的或变化的数目的 Reed-Solomon 纠错码字，取决于具体的二维条码复合组份。

除此之外，复合码还具有字符自校验和双向译码两个基本特征。

3.3.3 特殊压缩单元数据串序列

当二维条码复合组份对任何应用标识符（AI）单元数据串进行编码达到组份的最大容量时，可以选择 AI 单元数据串的某个序列在二维条码复合组份符号中进行特殊的压缩。如果需要使用这个序列中的 AI 单元数据串，并且使用在预定义序列中，那么将得到一个更小的符号。

为了进行特殊压缩，AI 单元数据串序列必须出现在二维条码复合组份数据的开始。其他的 AI 单元数据串可以加在序列之后。

选择出来进行特殊压缩的 AI 单元数据串是：

生产日期和批号——AI（11）生产日期，后接 AI（10）批号；

有效日期和批号——AI（17）有效日期，后接 AI（10）批号；

AI（90）——AI（90）后接以 1 个字母字符和数字开始的单元数据串数据；AI（90）可以对标识符数据进行编码；只有当它是第一个单元数据串的开始，并且后接标识格式数据时，AI（90）才进行特殊压缩。

3.3.4 复合码中供人识读字符

GS1 复合码的一维条码中供人识读字符必须出现在一维条码组份之下。如果有二维条码复合组份的供人识读字符，它没有位置要求。

GS1 复合码没有具体规定供人识读字符的准确位置和字体大小。但是，字符应该容易辨认（如 OCR-B），与符号有明显关联。应用标识符（AI）应该清晰，易于识别，有助于键盘录入。将 AI 置于供人识读字符的括号之间，可以实现上述要求。

注意：括号不是数据的一部分，在条码中不进行编码。遵守 UCC／EAN 128 条码使用的相同的原则。

图 3-13 表示了以文本标识的有效日期（2001 年 6 月 15 日）和批号（#：A123456）。

由于 GS1 复合码可对大量数据进行编码，以供人识读形式显示所有数据可能是行不通的，即使有那么多的空间以这种形式来表示它，录入那么多的数据也是不实际的。在这种情况下，供人识读字符的部分数据可以省略，但是主要的标识符数据，如全球贸易项目代码（GTIN）和系列货运集装箱代码（SSCC）必须标识出来。

图 3-13　供人识读字符

3.3.5　数据传输和码制标识符前缀

1. 默认传输符

GS1 系统要求使用码制标识符。GS1 复合码通常使用码制标识符前缀 "]e0" 来传输，将二维条码复合组份的数据直接附加到线型组份上去。如 GS1 复合码对（01）10012345678902（10）ABC123 进行编码得到的数据字符串为 "]e0110012345678902 10ABC123"（注意：码制标识符前缀 "]e0" 不同于码制标识符前缀 "]E0"，后者是大写字母 "E"，用于标准 EAN/UPC 条码）。

数据传输遵守 UCC/EAN-128 码应用标识符（AI）单元数据串连接同样的原则。如果一维条码组份数据以可变的长度 AI 单元数据串结束，就在它和二维条码复合组份的第一个字符之间插入一个 ASCII29 字符（GS）。

2. UCC/EAN-128 条码传输方式

识读器也可以选择 UCC/EAN-128 条码仿真方式。这种方式以仿真 UCC/EAN-128 条码的数据进行传输。它可以使用 UCC/EAN-128 条码应用程序，但还不能在程序中识别码制标识符前缀 "]e0"。UCC/EAN-128 条码仿真方式的码制标识符号是 "]C1"。EAN·UCC-128 复合码超过 48 个数据字符时，采用 2 个或更多的信息进行传输，以免超过 UCC/EAN-128 条码信息长度的最大值。每个信息都有一个 "]C1" 码制标识符前缀，并且不会超过 48 个数据字符。信息在单元数据串的边界进行拆分。这种方式比不上普通传输方式，因为当一条信息拆分为多条信息时，整体信息可能丢失。

3. 符号分隔符

二维条码复合组份能够对符号分隔符按译码器中的定义进行编码。这个字符指示识读器终止目前的 EAN·UCC 复合码数据信息，将分隔符后面的数据作为单独的信息进行传输。这条新的信息会有一个 "]e1" 码制标识符前缀。这个特征会被将来的 EAN·UCC 系统应用，如对物流集装箱的混合项目进行编码时使用。

4. 二维条码复合组份换码机制

CC-B 和 CC-C 可以对二维条码复合组份换码机制码字进行编码。它们指示识读器终止目前的 GS1 复合码数据信息,将换码机制码字后面的数据作为单独的信息进行传输。这条新的信息如果为标准数据信息,则码制标识符前缀为"]e2";如果数据信息包括 ECI 码字,则码制标识符前缀为"]e3"采用 ISO/IEC15438——自动识别和数据采集技术—码制规范——PDF 定义的编码和译码。当应用标识符(AI)单元数据串所定义的字符超过 ISO646 字符子集时,这个特征将用于 GS1 系统。

3.3.6 码制的选择

使用任何二维条码复合组份都应该遵守 GS1 系统全球应用指南。GS1 复合码的一维条码组份应该按照 GS1 通用规范规定的应用规则选择,但在选择可以利用的一维条码组份时,也应该考虑选择二维条码复合组份的可行性。更宽的一维条码组份将导致更短的二维条码复合组份,尤其是对容量更高的 CC-B 来说更是这样。

对 CC-A 和 CC-B,一维条码组份的选择自动决定了二维条码复合组份的列数。选择 CC-A 或 CC-B 由要编码的数据字符的数量自动决定。通常总是采用 CC-A,除非超过了它的容量。

当一维条码组份是 UCC／EAN-128 条码时,用户可以规定 CC-A/B 或 CC-C。CC-A/B 会产生更小的二维条码复合组份。然而,CC-C 可以增加宽度,以便与 UCC/EAN-128 条码的宽度一致,或者更宽。这可以降低 EAN·UCC 复合码的高度。CC-C 的容量更大,因此它适宜用于物流标识上。

第4章 条码符号的生成与检测

4.1 条码符号的生成

条码符号的生成方式基本有两大类,一是预印制,即采用传统印刷设备大批量印刷制作,它适用于数量大、标签格式及内容固定的标签的印刷,如产品包装等;二是现场印制(打印),适用于多品种、小批量、需现场实时印制的场合。

4.1.1 预印刷

需要大批量印刷条码符号时,应采用工业印刷机用预印制的方式来实现,一般采用湿油墨印刷工艺。尤其是需要在商标、包装装潢上将条码符号、商标图案等制成同一印版,整体印刷时,可大大降低成本和工作量。预印刷按照制版形式可分为凸版印刷、平版印刷、凹版印刷、孔版印刷(丝网印刷)和条码号码机印制等。

1. 凸版印刷

在凸版印刷中,印刷机的给墨装置先使油墨分配均匀,然后通过墨辊将油墨转移到印版上,由于凸版上的图文部分远高于印版上的非图文部分,因此,墨辊上的油墨只能转移到印版的图文部分,而非图文部分则没有油墨。印刷机的给纸机构将纸输送到印刷机的印刷部件,在印版装置和压印装置的共同作用下,印版图文部分的油墨则转移到承印物上,从而完成一件印刷品的印刷(见图4-1)。

凸版通常用于印刷条码符号的有感光树脂凸版和铜锌版等(感光树脂版可用于包装的印刷和条码不干胶标签的印刷,铜锌版在包装装潢印刷领域的应用更为广泛),制版过程中使用条码原版负片。凸版印刷的效果因制版条件而有明显不同。对凸版印刷的条码标识进行质量检测的结果表明,凸版

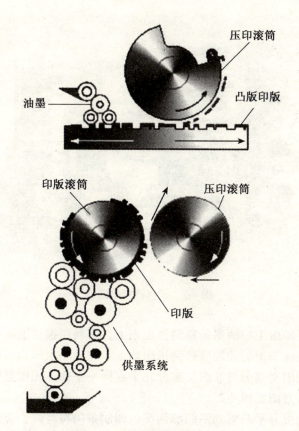

图 4-1 凸版印刷原理示意图

印刷因稳定性差、尺寸误差离散性大而只能印刷放大系数较大的条码标识。

凸版印刷的符号载体主要有纸、塑料薄膜、铝箔、纸板等。图 4-2 所示为六色凸版印刷机。

2. 平版印刷

平版印刷是目前应用较为广泛的印刷方式之一,其原理是根据油水不相溶原理,通过改变印版上图文和空白部分的物理、化学特性,使图文部分亲油,空白部分亲水。在印刷时,为了能使油墨区分印版的图文部分和非图文部分,首先由印版部件的供水装置向印版的非图文部分供水,从而保护了印版的非图文部分不受油墨的浸湿。然后,由印刷部件的供墨装置向印版供墨,由于印版的非图文部分受到水的保护,因此,油墨只能供到印版的图文

图 4-2 六色凸版印刷机

部分。最后将印版上的油墨转移到橡皮布上,再利用橡皮滚筒与压印滚筒之间的压力将橡皮布上的油墨转移到承印物上,完成一次印刷。平版胶印的特征是印版上的图文部分与非图文部分几乎在同一平面,无明显凹凸之分。平版印刷原理示意图见图 4-3。

平版印刷版分平凸版和平凹版两类。印制条码符号时,应根据印版的不同类型选用条码原版胶片,平凸版用负片,平凹版用正片。常用的平版胶印印版有蛋白版、多层金属版和 PS 版。

平版胶印的符号载体主要是纸,如铜版纸、胶版纸和白卡纸。

平版印刷设备(如图 4-4)按照印刷纸张规格可以分为全开、对开、4 开、6 开、8 开等;根据色组数目的不同,又可以分为单色、双色、三色、四色等。图 4-5 介绍了常用的四色平版印刷机的结构以及纸张在印刷机内通过的线路。

印刷纸张规格大的平版印刷机一次可印刷的面积大,效率高,适合大规模印刷;色组数量多的印刷机可以使承印载体只通过一次设备流水线就将所需的颜色印刷完全,效率更高,并有效防止人工套色造成的误差。印刷纸张规格大、色组数量多的印刷设备能够提高生产效率,减轻操作人员的劳动强度,但对机械加工工艺要求较高,价格相对昂贵。

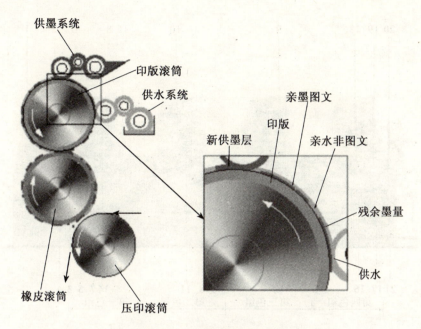

图 4-3 平版印刷原理示意图

图 4-4 平版印刷设备

3. 凹版印刷

凹版印刷与凸版印刷相反,其版面上的图文部分低于印刷平面,以印版表面凹下的深浅来呈现原稿上晕染多变的浓淡层次。如果图文部分凹进得深,填入的油墨量多,压印后,承印物面上留下的墨层就厚;图文部分凹下

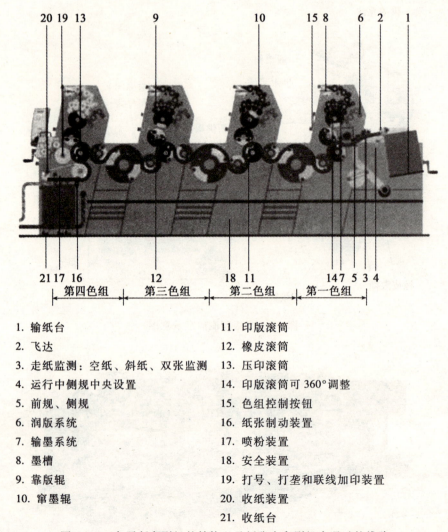

1. 输纸台
2. 飞达
3. 走纸监测：空纸、斜纸、双张监测
4. 运行中侧规中央设置
5. 前规、侧规
6. 润版系统
7. 输墨系统
8. 墨槽
9. 靠版辊
10. 窜墨辊
11. 印版滚筒
12. 橡皮滚筒
13. 压印滚筒
14. 印版滚筒可360°调整
15. 色组控制按钮
16. 纸张制动装置
17. 喷粉装置
18. 安全装置
19. 打号、打垄和联线加印装置
20. 收纸装置
21. 收纸台

图 4-5 四色平版印刷机的结构以及纸张在印刷机内通过的线路

得浅，所容纳的油墨量少，压印后，在承印物面上留下的墨层就薄。印版墨量的多少和原稿图文的明暗层次相对应。印刷时，先使印版滚筒通过墨槽或用传墨辊使油墨涂满整个印版，然后用刮墨刀刮去附着在空白部分的油墨，而填充在凹陷的空穴中的油墨在适当的印刷压力下被转移到承印物表面。凹版印刷具有速度快（可达300m/min以上）、印版耐印力高（可达300~400

万印)、印品墨色厚实、色彩丰富、清晰明快、反差适度、形象逼真、产品规格多样等优点。

随着科学技术的发展,目前国内外凹版印刷的范围越来越大,适合多种材料的印刷,并向多色(可达 12 色)、高速(300m/min 以上)、自动化(套准自动控制和强力控制等)、联机化(将凹版印刷的后续工艺与印刷连续进行)等方向发展。

凹版印刷的制版过程是通过对铜制滚筒进行一系列物理、化学处理而制成的。使用较多的是照相凹版和电子雕刻凹版。照相凹版的制版过程中使用正片;电子雕刻凹版使用负片,并且在大多数情况下使用伸缩性小的白色不透明聚酯感光片制成。凹版印刷机的印刷接触压力是由液压控制装置控制的,压印滚筒会根据承印物厚度的变化自动调整,因此,承印物厚度的变化对印刷质量几乎没有影响。凹版印刷机如图 4-6 所示。

凹版印刷的符号载体主要有塑料薄膜、铝箔、玻璃纸、复合包装材料等。

图 4-6　凹版印刷机

4. 孔版印刷

孔版印刷(丝网印刷)的特征是将印版的图文部分镂空,使油墨从印版正面借印刷压力穿过印版孔眼,印到承印物上(见图 4-7)。用于印刷条码符号的印版由丝、尼龙、聚酯纤维、金属丝等材料制成细网绷在网框上。用手工或光化学照相等方法在其上面制出版模,用版模遮挡图文以外的空白部分即制成印版。

孔版印刷(丝网印刷)对承印物的种类和形状适应性强,其适用范围包括纸及纸制品、塑料、木制品、金属制品、玻璃、陶瓷等,不仅可以在平面物品上印刷,而且可以在凹凸面或曲面上印刷。丝网印刷墨层较厚,可达 $50\mu m$。丝网印刷的制版过程中使用条码原版胶片正片。孔版印刷设备如图

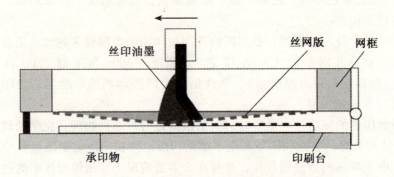

图 4-7 孔版印刷原理示意图

4-8 所示。

图 4-8 孔版印刷设备

不同的印刷方式需要的条码原版胶片不同,表 4-1 列出了各种印刷版式所需的条码原版胶片的极性。

表 4-1 各种印刷版式所需的条码原版胶片的极性

凸版印刷		原版负片
平版印刷	平凸版	原版负片
	平凹版	原版正片

续表

凸版印刷		原版负片
凹版印刷	照相凹版	原版正片
	电子雕刻凹版	原版负片
孔版印刷		原版正片

5. 条码号码机印制

由于制版印刷方式适用于条码符号的大批量重复印刷，不能满足使用连续代码的用户，因此，可以采用一种专门用于印刷连续变号条码的印刷部件来代替印版印制条码符号，这就是条码号码机（如图4-9所示）。

条码号码机由钢或其他金属制成的机壳（机架）、号码轮、进位机构等组成，印刷时，将其装在相应印刷机的印版部位，由印刷机带动号码机的进位机构使一组号码轮顺序进位，从而完成连续变号条码的印刷。根据印刷要求，可将号码机组合成不同的形式。通过对进位机构的预先确定，可实现完成一次印刷动作后即进位，或完成几次印刷动作后再进位。

号码机最适合血液系统、航空机票及其他票证系统所用条码符号的印刷。目前，许多型号的印刷机都配有安装条码号码机的装置可供选择。

图4-9 条码号码机

4.1.2 现场印制

条码现场印制适合于多品种、小批量、条码内容可变、需现场实时印制条码的场合。

条码符号现场印制之前，一般使用专用的条码生成软件生成条码符号。选用商业化的编码软件往往是最经济、最快捷的方法。目前，市场上有许多种商业化的编码软件可以选择，这些软件功能强大，可以生成各种码制的条码符号，能够实现图形压缩、双面排版、数据加密、数据库管理、打印预览和单个/批量制卡等功能，同时，可以向应用程序提供条码生成、条码设置、识读接收、图形压缩和信息加密等二次开发接口（用户可以自己替换），还可以向高级用户提供内层加密接口等，而且价格也不高。

目前较为先进的条码生成软件有美国海鸥科技研发的 BarTender、Teklynx 国际公司推出的 CODESOFT、北京科创京成条码科技有限公司开发的 LabelShop 等。BarTender 条码打印软件是目前功能最强大、最便捷的标签设计打印软件之一，其设计容易、专业，同时又具备强大灵活的软件集成性。最新版本的 BarTender 软件功能强大，操作简便，支持所有主要的一维条码和二维条码，有基本版、专业版和企业版三种版本可供选择。不同的版本所提供的服务以及价格不同，用户可以根据具体情况选用不同的版本。LabelShop 是京成条码公司开发的条码标签编辑打印软件，具有强大的标签编辑功能，支持多种数据格式和多种条码码制，可以使用多种专业条码打印机。

此外，国内外的一些厂家还开发了条码生成控件功能函数库，可支持目前常用的一维条码和二维条码。这种函数库是专为软件开发人员设计的，可在 VB、VC、VFP 等多种编程环境下调用。

条码符号现场印制分为通用打印机印制、专用打印机印制、激光蚀刻技术制作等。

1. 通用打印机印制

通用打印机印制条码目前常用的有喷墨打印机和激光打印机。这两种打印机可在计算机条码生成程序的控制下方便灵活地印刷出小批量、多品种的条码标识。通过专业条码打印软件的支持，所有的通用打印机都可以实现条码打印功能。

1）喷墨打印机打印

喷墨打印机是由电脑控制的自动化打印设备，只要在键盘上输入打印资料，就会自动打印。其原理如下：依靠管路内产生的压力，把专用墨水压入振荡箱内，因箱内有一个晶体振荡器，频率大约每秒 10 万次，使喷嘴喷出的墨水成点。墨水在通过静电区域时，由电脑控制，使每个墨点带上了一定的电量（墨点在每个位置所需的受电量是不同的），因而在电场作用下，墨点产生偏移，使每个墨点喷到一个特定的位置，形成字符。当被打印物体在 Y 轴上移动时，喷嘴在 X 轴上作垂直的扫描，如果作业线上没有被打印物，电脑在墨点通过静电区域时，就使墨点不带电，因而墨点在通过电场时不产生偏移，只做直线运动。再通过回收孔流到墨水箱里，重复使用。喷墨打印的墨水是专用的，其要求墨水的导电量和粘度非常正确，打印在物体上一般在 1~2s 就能干。喷墨打印机适用于现场印制，利用电脑编程可将各种符号、图案和条码混合印制，具有印制方便、灵活等特点。

2）激光打印机打印

激光打印机是利用图形感应半导体表面上充电荷的原理设计的。此表面对光学图像产生反应，并在所指定区域上放电，由此产生一幅静电图像。然后，使图像与着色材料（碳粉）相接触，将着色材料有选择地被吸附到静电图像上，再转印到普通纸上。激光打印机配有一控制器，用来协调激光光束的扫描和调节光鼓与纸张的运动，以控制打印印点的有无。点的分辨率通常是 12~16 点/mm，印出的条码最窄条可达 0.20mm。这种打印机适合高、中密度条码印制。

2. 专用条码印制设备印制

专用条码印制设备一般是条码打印机。条码打印机用途单一，结构简单，易于操作使用；内建条码生成功能，可以在多种材料上印制条码；还有标签定位功能，在条码技术的各个应用领域普遍使用。

条码打印机是一种计算机的外部设备，通常由软件系统和硬件系统组成。从软件上说，主要包含了工作程序和编程指令集；硬件上包含了电源部分、主控板部分、机械传动部分和外接可选件部分，如图 4-10 所示。

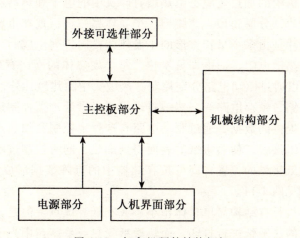

图 4-10　打印机硬件结构框架

目前使用最广泛的专用条码打印机分为热敏打印机和热敏/热转印打印机两种。热敏式打印和热转印式打印的工作原理基本相似，都是通过加热方式进行打印的，热敏式打印机采用具有特殊涂层的热敏纸进行打印，通过打印机上的热感打印头加热，使涂层变色而印制出图像。热敏纸在高温及阳光照射下易变色，用热敏打印机打印的标签耐久性较差，在保存及使用上存在一些问题，但这种打印方式设备简单，价格低，易于操作，因此被广泛应用于打印临时标签的场合，如零售业的食品标签、付货凭证、超市的结账单、证券公司的交易单、邮政的信函条码标签等。热转印打印机使用热转印色带。执行打印操作时，通过打印头对色带加热，将色带上的颜色转到打印介质上，形成文字或图形。打印头的发热元件排列密度一般在203～600PI之间，打印速度在每秒40～250mm之间。热转印式条码打印机可以在多种介质上打印，耐久性好，逐步成为条码现场打印领域的主导产品。

下面详细介绍热敏式打印和热转印式打印两种条码的生成技术及设备。

1) 热敏式条码打印机印制条码

（1）热敏式条码打印技术的原理及特点

在热敏式条码打印中，印制的对象是热敏纸，它是在普通纸上覆盖一层透明薄膜，此薄膜在常温下不会发生任何变化，而随着温度升高，薄膜层会发生化学反应，颜色由透明变成黑色，在200℃以上高温，这种反应仅在几十微秒中完成。

热敏打印机中的加热效应是由热敏打印头中的电子加热器提供，电子加热器也叫热敏片，分厚膜型、薄膜型、半导体型三种，现在市场上的多数为厚膜型。热敏片是由多个呈长方形的小发热体横向排列组成的，每个发热体实际是厚膜型热敏电阻，通电即可发热。每个发热体的横向宽度一般是0.1～0.2mm，可以通过驱动电路分别控制。热敏头中除热敏片外，还包括驱动电路、选通电路、锁存电路等。热敏打印机通过微处理器控制热敏头，使其根据微处理器提供的数据，通过驱动电路有选择地控制各加热点的通断，各加热点与热敏纸接触，使热敏纸的表面得到加热，同时控制进纸机构，改变加热点与热敏纸接触的位置，即可按存储器中的点阵数据形成所需的图形。热敏技术原理见图4-11。

热敏打印机具有结构简单、体积小、成本低等优点。但是，由于热敏打印机采用特殊的热敏纸进行打印，而热敏纸受热或暴露在阳光下易变色的特点，使其不易保存，因此，热敏打印机一般用于室内环境、打印临时标签的场合。

第 4 章 条码符号的生成与检测

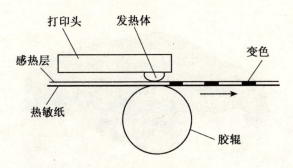

图 4-11 热敏技术原理

(2) 热敏式条码打印机的结构及工作原理

热敏式条码打印机的结构见图 4-12。现在市场上的热敏式条码打印机主要由以下几部分组成：

电路部分：电源部分、CPU 及外围电路、步进电机驱动电路、打印头控制、驱动及保护电路、状态检测电路、键盘输入及液晶显示电路、串行及并行通讯电路等。

机械部分：机壳机架、打印头安装部分、走纸机构等。

热敏式条码打印机的工作原理如下：

①使用者在计算机上通过编辑软件编辑条码标签的内容；

②条码标签的内容通过驱动程序转换为条码打印机的专用命令，通过并行口或串行口发给条码打印机；

③条码打印机内的微处理器接收到命令后，根据相应的命令及命令中的各项参数生成条码、字符、汉字、图形等点阵数据，并根据其位置坐标放入数据存储中相应的位置；

④整个标签的点阵数据编辑完成后，根据接收到的打印数量开始打印；

⑤微处理器向打印头送一行数据；

⑥数据锁存；

⑦微处理器根据打印灰度值给热敏片通电加热；

⑧微处理器驱动步进电机向前走一行纸；

⑨重复上面的 4 步，直到整个标签打印完成后检测电路检测到标签的边缘；

⑩如需打印多个标签，重复以上步骤，直到全部标签打印完成。

2) 热转印条码打印机印制条码

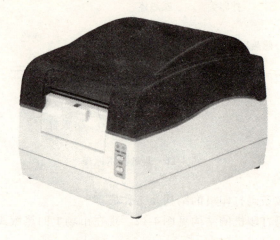

图 4-12 热敏式条码打印机

(1) 热转印技术的原理及特点

为克服热敏打印机的局限性,得到可长期保存的条码标签,热转印技术应运而生。热转印技术是热传递理论与烫印技术相结合的产物,在打印头控制方面与热敏打印技术基本相似,打印时使用碳带,碳带的颜料面和记录纸紧密接触,打印头和碳带的无颜料面接触,利用打印头发出的热量将颜料变为溶融状态,再转移到介质上,实现字符、图形等的打印。由于热转印技术是通过色带进行印制的,因此,其对承印物的要求较低,选择不同的色带可以通过热转印技术在各种承印物上印制。热转印技术原理见图 4-13。

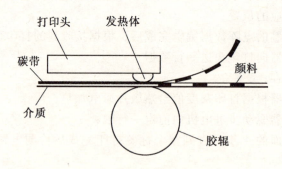

图 4-13 热转印技术原理

（2）热转印条码打印机的结构

热转印条码打印机的结构与热敏式条码打印机的结构基本相同，只是增加了色带机构及控制部分，见图4-14。相对于热敏式条码打印机，热转印式条码打印机在电路和机械部分都更加复杂。

图 4-14　热转印式条码打印机

目前，热转印条码打印机同样可以以热敏方式工作。

3. 激光蚀刻技术生成条码

激光蚀刻技术是一种比较先进的条码符号生成技术，分为激光刻划标码和激光掩模标码技术。在激光刻划标码技术中，使用光学器件如可转动镜片，用激光束扫描标码区域，从而将标码信息加进产品包装中。激光束的扫描过程和整个带有文字、编码（OCR码、2D矩阵码及条码型等）的标码信息、图案、图标及可变参数（产品批次等）都由激光系统的一台电脑控制。如要修改/更换标码信息，只需简单地将现行的工作程序进行修改/更换即可完成。激光刻划标码技术的主要特点有高灵活性、标码面积大和标码容量高。激光刻划标码技术原本用于小批量、计算机集成制造和准时生产，现也可以用于大批量生产，可以满足高速标码和高速生产的需求。

激光掩模标码技术中，激光束照射已包含所有标码信息的金属掩模。掩模通过透镜在产品包装上成像。只需一个激光脉冲就可以将标码信息转移到产品包装上。激光掩模标码的主要特点是标码速度高（额定值高达每小时9

万个产品),可以对快速移动的产品以极高的线度进行标码(每秒50m或以上)。因为采用单脉冲处理,标码速度较小,额定值约为 $10 \times 20 mm^2$。激光掩模标码设计用于大批量生产,特别是在高流通量、较少标码信息/少量文字及灵活性要求不高的生产中。表4-2列出了不同印制技术的比较情况。

表 4-2　　　　　　　　　不用印制技术的特点比较

特　点	机　型			
	激光打印	激光光刻	喷墨打印	热转印
打印基材	纸 不干胶标签等	各种不反光 材料	各种材料	纸、聚酯、 不干胶标签等
消耗材料	墨粉	CO_2 等	墨水	热敏纸/专用色带
印刷质量	好	一般	较差	好
印刷速度	高	低	一般	高
设备价格	中	高	低	中
印刷成本	低	高	高	中

4.1.3　符号载体

通常把用于直接印制条码符号的物体叫做符号载体。常见的符号载体有普通白纸、瓦楞纸、铜版纸、不干胶签纸、纸板、木制品、布带(缎带)、塑料制品和金属制品。

因为条码印刷品的光学特性及尺寸精度会直接影响扫描识读,所以制作应严格控制。首先,应注意材料的反射特性和透明、半透明性。光滑或镜面式的表面会产生镜面反射,一般避免使用产生镜面反射的载体。对于透明或半透明载体,要考虑它对反射率的影响,对个别纸张漏光对反射率的影响应特别注意。其次,从保持印刷品尺寸精度方面考虑,应选用耐气候变化、受力后尺寸稳定、着色牢度好、油墨扩散适中、渗洇性小、平滑度、光洁度好的材料。例如,载体为纸张时,可选用铜版纸、胶版纸、白版纸。塑料方面可选用双向拉伸丙烯膜或符合要求的其他塑料膜。对于常用的聚乙烯膜,由于它没有极性基团,着色力差,应用时应进行表面处理,保证条码符号的印刷牢度。同时,也要注意它的塑性形变问题,一定不要使用塑料编织袋作印刷载体。对于透明的塑料,印刷时应先印底色。大包装用的瓦楞纸板的印

第4章 条码符号的生成与检测

刷由于瓦楞的原因,它的表面不够光滑,纸张吸收油墨的渗润性不一样,印刷时,出偏差的可能性更大,常采用预印后粘贴的方法。金属材料方面,可选用马口铁、铝箔等。

4.1.4 特殊载体上条码符号的生成技术介绍

特殊载体上的条码包括符号金属条码、陶瓷条码、隐形条码、银色条码等。下面分别介绍这几种条码符号的生成方式。

1. 金属条码的生成

金属条码标签是利用精致激光打标机在经过特殊工序处理的金属铭牌上刻印一维或二维条码的高新技术产品。

金属条码的生成方式主要是激光蚀刻。激光蚀刻技术比传统的化学蚀刻技术工艺简单,可大幅度降低生产成本,可加工 $0.125\sim1\mu m$ 宽的线,其画线细、精度高(线宽为 $15\sim25\mu m$,槽深为 $5\sim200\mu m$)、加工速度快(可达200mm/s),成品率可达99.5%以上。

金属条码样品见图4-15。

图4-15 金属条码样品

金属条码签簿、韧性机械性能强度高,不易变形,可在户外恶劣环境中长期使用,耐风雨、高低温、耐酸碱盐腐蚀,适合机械、电子等名优产品使用。用激光枪可远距离识读,与通用码制兼容,不受电磁干扰。

金属条码适用于以下范围:

1) 企业固定资产的管理:包括餐饮厨具、大件物品等的管理;
2) 仓储、货架:固定式内建实体的管理;
3) 仪器、仪表、电表厂:固定式外露实体的管理;
4) 化工厂:污染及恶劣环境下标的物的管理;
5) 钢铁厂:钢铁物品的管理;
6) 汽车、机械制造业:外露移动式标的物的管理;
7) 火车、轮船:可移动式外露实体的管理。

金属条码的附着方式主要有以下三种:

1) 各种背胶:粘附在物体上;
2) 嵌入方式:如嵌入墙壁、柱子、地表等;
3) 穿孔吊牌方式。

2. 陶瓷条码的生成

陶瓷条码耐高温、耐腐蚀、不易磨损,适用于在长期重复使用、环境比较恶劣、腐蚀性强或需要经受高温烧烤的设备、物品所属的行业永久使用。永久性陶瓷条码标签解决了气瓶身份标志不能自动识别及容易磨损的行业难题。

陶瓷条码是在高强度的氧化铝工程陶瓷基体上,采用高温釉烧的方式生成的条码标签牌,条码符号受到透明的高温瓷釉的良好保护,陶瓷条码能长期耐受酸、碱、盐、雾、阳光暴晒甚至火焰烧烤的极度恶劣环境。

3. 隐形条码的生成

隐形条码能达到既不破坏包装装潢的整体效果,也不影响条码特性的目的。同样,隐形条码隐形以后,一般制假者难以仿制,其防伪效果很好,并且在印刷时不存在套色问题。

隐形条码有以下几种形式:

1) 覆盖式隐形条码

这种隐形条码的原理是在条码印制以后,用特定的膜或涂层将其覆盖,这样处理以后的条码人眼很难识别。

2) 光化学处理的隐形条码

用光学的方法对普通的可视条码进行处理,以后,人们的眼睛很难发现痕迹,用普通波长的光和非特定光都不能对其识读,这种隐形条码是完全隐形的,装潢效果也很好,还可以设计成双重的防伪包装。

3) 隐形油墨印制的隐形条码

这种条码可以分为无色功能油墨印刷条码和有色功能油墨印刷条码，对于前者，一般是用荧光油墨、热致变色油墨、磷光油墨等特种油墨来印刷的条码，这种隐形条码在印刷中必须用特定的光照，在条码识别时，必须用相应的敏感光源，这种条码原先是隐形的，而对有色功能油墨印刷的条码，一般是用变色油墨来印刷。

4) 纸质隐形条码

纸质隐形条码的隐形介质与纸张通过特殊光化学处理后融为一体，不能剥开，仅能供一次性使用，人眼不能识别，也不能用可见光照相、复印仿制，辨别时，只能用发射出一定波长的扫描器识读条码内的信息，同时，这种扫描器对通用的黑白条码也兼容。

5) 金属隐形条码

金属条码的条是由金属箔经电镀后产生的，一般在条码的表面再覆盖一层聚酯薄膜，这种条码是用专用的金属条码阅读器识读的。其优点是表面不怕污渍。一般条码是靠光的反射来识读的，这种条码则是靠电磁波进行识读的，条码的识读取决于识读器和条码的距离。其抗老化能力较强，表面的聚酯薄膜在户外使用时适应能力强。金属条码还可以制作成隐形码，在其表面采用不透光的保护膜，使人眼不能分辨出条码的存在，从而制成覆盖型的金属隐形条码。

4. 银色条码的生成

在铝箔表面利用机械方法有选择地打毛，形成凹凸表面，则制成的条码称之为银色条码。金属类印刷载体如果用铝本色做条单元的颜色，用白色涂料做空单元的颜色，虽然做起来经济、方便，但由于铝本色的颜色比较浅，又有金属的反光特性（即镜面反射作用），当其大部分反射光的角度与仪器接收光路的角度接近或一致时，仪器从条单元上接收到比较强烈的反射信号，导致印条码符号条/空单元的符号反差偏小而使识读发生困难。因此，对铝箔表面进行处理，使条与空分别形成镜面反射和漫反射，从而产生反射率的差异。

4.2 条码符号的技术要求

条码符号是一种特殊的图形，它所包含的信息需要使用专用的条码阅读设备来阅读，因此，条码符号的生成有其特定的技术要求，主要分为机械特性和光学特性两种。

4.2.1 机械特性

条码印刷过程中,由于机械特性会出现一些外观上的问题,为了使识读设备能更有效地发挥作用,要求条码符号表面整洁、无明显污垢、皱褶、残损、穿孔;符号中的数字、字母、特殊符号印刷完整、清晰、无二义性;条码字符无明显脱墨、污点、断线;条的边缘整齐,无明显弯曲变形;条码字符的墨色均匀,无明显差异。下面分别介绍根据不同机械特性所制定的主要指标,包括条码符号尺寸公差与条宽减少量(BWR)、缺陷、边缘粗糙度和印刷油墨厚度。

1. 一维条码符号尺寸公差

不同码制的一维条码,其条空结构也不同。每一种码制都确定了标称值。在条码印刷时,不可能没有偏差,但这种偏差必须控制在一定的范围内,否则将会影响阅读效果。条码印刷时,所允许的偏差范围叫做印刷公差,即条码符号尺寸公差。印刷公差主要有条或空尺寸公差、相似边缘尺寸公差和字符宽度公差等。不同码制和不同尺寸的条码,其印刷公差也不相同。

1)条或空的尺寸公差

如图 4-16 所示,图中 b 表示条的标称尺寸,s 表示空的标称尺寸,Δb 表示条的尺寸公差,Δs 表示空的尺寸公差。

条的最大和最小允许尺寸分别为:
$$b_{max} = b + |\Delta b|, \quad b_{min} = b - |\Delta b|$$

空的最大和最小允许尺寸分别为:
$$S_{max} = S + |\Delta S|, \quad S_{min} = S - |\Delta S|$$

2)相似边距离公差

条码相似边距离公差是指在同一个条码字符中,两相邻的条同侧边缘之间距离的尺寸公差。

如图 4-16 所示,e 表示相似边距离的标称尺寸,Δe 表示相似距离尺寸公差,则相似边距离的最大和最小允许尺寸分别为:
$$e_{max} = e + |\Delta e|, \quad e_{min} = e - |\Delta e|$$

3)字符宽度公差

字符宽度公差是指一个条码字符宽度的尺寸公差,如图 4-16 所示,P 表示字符宽度的标称尺寸,ΔP 表示字符宽度的尺寸公差,则字符宽度的最大和最小允许尺寸分别为：

$P_{max} = P + |\Delta P|$，$P_{min} = P - |\Delta P|$。

上述公差是为印刷条码而制定的。印刷版的误差、印刷设备误差和油墨扩散误差等都是导致条码符号产生误差的原因。如果一个条码符号超出这种印制公差，仍有阅读成功的可能，但这样的符号会降低阅读系统的首读率，增加误读率。

图 4-16　一维条码符号示意图

2. 条码原版胶片的条宽减少量

用非现场印刷法印刷条码符号需要客户提供条码原版胶片，印刷厂用此胶片制版，然后上机印刷。由于印刷工艺以及油墨在印刷载体上的渗洇，使印出的条码符号的条宽比胶片上的条宽尺寸大，这就是我们常说的油墨扩散现象。油墨扩散使条码符号的尺寸误差加大，导致条码无法阅读或误读。为了抵消这种因印刷引起的条宽增加，在制作条码胶片时，事先将原版胶片条宽的取值作适当减少，这个减少的数值叫条宽减少量（bar width reduction，BWR）。

条宽减少量主要由印刷载体、印刷媒体、印刷工艺和印刷设备之间的适应性决定。通过印刷适性试验就可以找出条宽减少量的数值。一般非柔性印刷（凸、平、凹版以及丝网印刷）的条宽减少量较小，而柔性印刷（苯胺印刷）的条宽减少量较大。对于商品条码，条宽减少量的取值不应使条码胶片上单个模块的条宽缩减到小于 0.13mm 的程度。即 0.33mm × 放大系数 − BWR ≥ 0.13mm（0.33mm 为放大系数为 1 时的商品条码名义模块宽度）。

3. 缺陷

在条码符号印刷过程中，由于某种原因会在条码符号的空中粘上油墨污点，或由于条中着墨不均而产生脱墨造成空隙缺陷，如图 4-17 所示。

在条码印制中，通常都对污点、脱墨的尺寸和数量进行限制。如果这些缺陷超过一定限度，将会出现译码错误或不被译码。为了将印刷中所造成的污点和脱墨"定量化"，许多印刷都采用了 ANSI MH 10.8M-1983 标准中的相关指标。最大的污点或脱墨应满足如下条件：

1）其面积不超过直径是 0.8X 圆面积的 25%（X 为最窄条宽的宽度）；

2）其面积不完全覆盖一直径为 0.4X 的圆面积。

如图 4-17 中，脱墨造成的孔隙 1 是允许的，而孔隙 2 则是不允许的。

最窄条与脱墨的关系如图 4-18 所示。

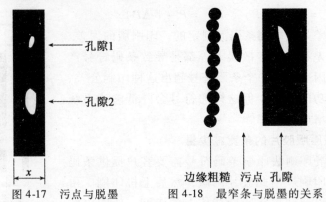

图 4-17　污点与脱墨　　图 4-18　最窄条与脱墨的关系

4. 边缘粗糙度

边缘粗糙度是指条码元素便于不平整的程度。对于边缘粗糙度的要求是，在所有可能的扫描轨迹上，元素宽度都能达到允许的宽度值，即能符合印刷公差的尺寸要求。如图 4-19 所示，图 4-19（a）表示允许的边缘粗糙度，图 4-19（b）表示超过允许公差的边缘粗糙度。

边缘粗糙度使得扫描轨迹不同时，接收到的元素宽度也不同。尺寸小处条变窄、空变宽；尺寸大处条变宽、空变窄，当其差值较大时，将会导致字符不符合编码规则的尺寸结构，条码阅读系统无法识别。采用点阵打印机印刷条码时，容易出现此现象。

5. 油墨厚度

条码符号印制时，应选择与载体相匹配的油墨，特别要注意油墨均匀性及扩散性。

(a)　　(b)

图 4-19　条码的边缘粗糙度

油墨均匀性差会造成渗油或吃墨不足，使印刷图形边缘模糊。符号的条或空上出现疵点与污点，给条码符号尺寸带来误差。当必须使用镜面反射材料或透明材料时，可以采用光吸收特性完全不同的两种墨色重叠印刷，以满足识读所需要的 PCS 值要求，标准规定：空、空白区与条的油墨厚度差必须在 0.1mm 以下，否则，会使印出的条码的条与空在不同的平面上，条高于空，则空的反射光减少，空尺寸变窄,给正确阅读带来困难。

4.2.2 光学特性

条码印制过程中,对条码图像的光学特性的要求主要包括条码的反射率和颜色搭配。

1. 反射率选择的依据

条码光电扫描器是靠接收条码中条和空的反射率之差来采集数据的。假设一种理想状态的条码,即条的反射率为 0,空的反射率为 100%,并且该条码不存在任何印刷缺陷,当用光点极小的光电扫描器匀速扫描这组条码时,会测到如图 4-20(a)所示的反射率曲线。图 4-20(b)是光点直径为 0.8X 的反射率曲线。

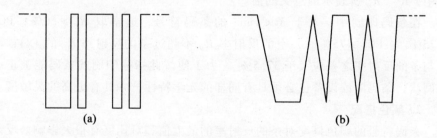

图 4-20 理想的反射率曲线

由于印刷缺陷和光电扫描器性能的影响,实际的反射率曲线与理想状态大不相同。图 4-21 是一组实测的反射率曲线,其光点直径为 0.8X。要使条码阅读器正常工作,就应使相邻的条与空之间有个最小的反射率差值。不同的条码阅读器对此差值的要求也不相同。为了使条码硬件设备都有较好的兼容性,条码印制厂家和条码硬件设备制造厂家都必须遵守一个统一的指标,并在设计制造时留有一定的安全系数。

反射率(用 R 表示)和对比度(用 PCS 表示)是条码符号的重要光学指标。通常,把对比度定义为:条码符号中空和条的反射率差值与空的反射率的比率,即

$$PCS = (R_L - R_D) / R_L$$

式中,R_L 表示空的反射率;R_D 表示条的反射率;PCS 表示空和条的对比度。

条码符号反射率要求见 GB12904-2003《商品条码》中相应的章节。条

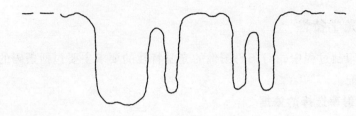

图 4-21 实测的反射率曲线

码符号必须满足一定的光学特性要求，当空的反射率一定时，条的反射率的最大值由下列公式计算：

$$\lg R_D = 2.6（\lg R_L）- 0.3$$

式中，R_L、R_D 所表示的意义同前。

在条码印刷中，对于 $X < 1\text{mm}$ 的条码符号，通常取 $R_L > 50\%$；PCS $\geq 75\%$。当 PCS $\geq 75\%$ 时，空的反射率 R_D 不超过条的反射率 R_L 的 1/4；而空与条的反射率之差应大于 37.5%。为了使按此指标印刷的条码能被正确地阅读，条码阅读设备也必须具有同样的光学特性，并具有更高的灵敏度。

2. 颜色搭配

条码符号的颜色搭配对条的反射率的最大值和对比度有很大影响。反差最大化原则与满足标准中的要求是条码设计、印制要掌握的重要尺度。条码印制涂料是指用于印刷条码符号的各种油墨、油漆、化学涂料。在普通印刷中，所使用的油墨仅是条码符号印制中可采用的一种。其中，黑色油墨对 633nm 和 900nm 两种波长的光有很好的光学特性，对光的反射率通常小于 15%，而且容易与背底形成较大的对比度，所以常用于条码的印制。但有些原色油墨（也叫彩色油墨）不都适合于条码符号的印刷。

选择涂料的原则是看能否满足光电扫描器的化学特性，即条与空的反射率差值能否达到规定的要求。根据这一原则，条码符号的各种颜色搭配方案如下。黑条白空是最佳选择方案。只要保证条和空有足够的对比度，也可选用其他颜色搭配。例如，蓝色、绿色可用来做条，红色、橙色、黄色可用来做空。

条、空颜色搭配可参考表 4-3。

表 4-3　　　　　　　　　条码符号颜色搭配参考表

序号	空色	条色	能否采用	序号	空色	条色	能否采用
1	白	黑	√	17	红	深棕	√
2	白	蓝	√	18	黄	黑	√
3	白	绿	√	19	黄	蓝	√
4	白	深棕	√	20	黄	绿	√
5	白	黄	×	21	黄	深棕	√
6	白	橙	×	22	亮绿	红	×
7	白	红	×	23	亮绿	黑	×
8	白	浅棕	×	24	暗绿	黑	×
9	白	金	√	25	暗绿	蓝	×
10	橙	黑	√	26	蓝	红	×
11	橙	蓝	√	27	蓝	黑	×
12	橙	绿	√	28	金	黑	×
13	橙	深棕	√	29	金	橙	×
14	红	黑	√	30	金色	红	×
15	红	蓝	√	31	深棕	黑	×
16	红	绿	√	32	浅棕	红	×

4.3　条码符号的检测

条码符号生成后,要依靠专用的条码阅读设备阅读,条码检测则是确保条码符号在整个供应链中被正确阅读的重要手段。

检测的目标是保证条码符号能够通过完成两个重要的任务来实现其功能。这两个任务是:

(1) 使符号制作者能够检测其成果,并且能够应用反馈情况来控制其制作过程。

(2) 预测符号可能达到的扫描性能。

检测能帮助符号制作者和使用者达成一致的双方都能接受的质量水平,

使他们能在一个给定的符号可接受性上或其他方面达成统一。

4.3.1 条码检测的标准

条码检测方法的改进导致了条码技术标准的发展。目前，条码检测的有关技术规范和标准的内容主要来自于以下几个方面的标准或规范性文件：

(1) 条码符号标准；

(2) 条码符号检测技术标准；

(3) 条码识读系统其他部分的有关标准；

(4) 条码应用领域的行业性标准。

1. 条码符号标准

每一种码制的条码符号都有一个标准，该标准对条码符号的编码方案、译码算法等进行标准化的定义和描述，并对条码符号的技术参数提出了一定的要求。尽管现在符号标准将涉及条码质量的很多内容直接引用新的检测标准，即条码综合质量等级评价方法的标准 ISO/IEC 15416，但每一种条码符号都有一定的特殊性，对条码符号的外观等特性有着一定的特殊要求，这些要求是该种条码符号的基本要求，和其他标准的要求是并列的。通用的条码符号检测标准对这一点也作了明确的声明。所以，条码符号首先应该符合条码符号的规范。这些标准有 39 条码标准（GB/T12908-2002）、Code128 条码标准（GB/T18347-2001）等。要注意的是，有些条码符号本身就是为某一应用领域专门制定的，如 EAN-13 商品条码标准（GB12904-2003）既是符号标准，也是应用标准。

2. 条码符号检测技术标准

在过去，传统的检测都是基于条码符号的符号标准。现在，国际上已经开始在条码检测采用一维条码符号质量评价的通用标准，即 ISO/IEC 15416。它是在 2000 年颁布的一个国际标准，与之前出现的条码符号质量评价标准（美国标准（ANSI X3.182 和 ANSI/UCC-5）、欧洲标准 EN 1635）在技术上完全兼容。目前，我们国家有关部门已经制定和修订了条码检测的相关标准，即 GB/T14258-2003，并且在条码质量检测方法上和国际标准 ISO/IEC 15416 保持一致。

3. 有关条码制作、生产、识读等环节的其他规范和标准

要保障条码符号能够被正确识读，这里面涉及许多方面的因素，每一个方面都应该有一定的质量控制措施、质量规范或质量标准。例如，在商品条码的印刷过程中，有条码符号胶片的检测规范有《条码数据图像与印刷性能测试规范》;针对条码的检测工作,有条码检测仪性能的测试规范;在条码的扫描识读方面,有条码扫描器及译码器的检测规范。这里面提到的规范已经是国际标准,其中有些规范的内容已经纳入我国的条码标准,并且,我国有关部门正在计划制定相关的国家标准,努力在条码技术标准化方面和国际标准全面接轨。

4. 条码应用领域的行业性标准

在不同的应用领域,对具体使用的条码符号的质量参数要求是不一样的。例如,在超市的条码扫描结算的应用中,EAN/UCC国际编码组织要求商品条码的最小质量等级为1.5,并对尺寸和条码高度都有相关的限制。邮政部门在使用条码时,也会根据具体的应用,在符号及检测标准的基础上,对条码符号做出一些特殊的规定。最简单的规定如条码的整体布局,包括供人识读字符的大小和位置、条码的高度、要求的最小的质量等级等。应用对条码的要求主要出于以下几方面的考虑:

(1) 条码符号的制作成本;
(2) 条码识读设备的工作性能;
(3) 条码应用对条码质量问题的容忍程度;
(4) 条码应用所处的工作环境对条码符号的影响以及条码识读的影响。

所以,当今许多条码符号标准对条码符号参数的规定越来越趋于灵活,它将一些重要参数划归到应用标准。例如,39条码标准(GB12908-2002)不再规定最小的模块尺寸宽度,这为39条码在一些小物件的使用方面(如集成电路元件的物流识别)开辟了道路。质量等级更是如此,如果对于光笔的应用以及要求识读成功率比较高的应用,对条码符号质量等级的要求就应该更高。商品条码质量等级之所以规定为1.5,是因为商品条码扫描的识读设备往往都是高灵敏度的、自动化的、全方向的、每秒钟扫几十次的扫描器,扫描识读的环境为商店,环境是属于比较好的。

以上我们说明了几个方面的条码规范或标准,涉及条码技术的人员都应该关注这些标准。如果国家标准尚未制定,则应该关注新颁布的国际标准,用这些标准指导检测工作和质量控制工作,这对于全球化的今天非常重要。

4.3.2 条码符号检测步骤

1. 检测环境

根据GB/T 14258-2003《条码符号印制质量的检验》的要求,条码标识的检测环境温度为(23±2)℃,相对湿度为50%±5%,检测前,应采取措施使环境满足以上条件。检测台光源应为色温 5500~6500K 的 D65 标准光源，一般 60W 左右的日光灯管发出的光谱功率及色温基本满足这个要求。

2. 检测设备的选择

条码检测常用设备的测量装备应该符合条码检测 GB/T 14258-2003《条码符号印刷质量的检验》对检测方法的要求，如测量波长、光路、测量孔径。检测仪有很多种类型，但是针对不同的目的，根据它们的应用领域及对它们可能的功能所要求的程度，可以很方便地把它们分为两类，分别是通用设备和专用设备。

1）通用设备

通用设备包括密度计、工具显微镜、测厚仪和显微镜。使用这种仪器就需要对技术方面的知识有较深的理解，因此，操作者必须进行特殊的培训。这种仪器的测量精度可能比平均水平要高得多，成本当然也是很高的，完成必要的扫描并输出结果所需的时间可能相对地要长。这种类型的检测仪可能有机动化的光学扫描头改善移动的均匀性，并达到多重的扫描要求，同时进行精确的尺寸测量。

密度计有反射密度计和透射密度计两类。反射密度计是通过对印刷品反射率的测量来分析条码的识读质量。透射密度计是通过对胶片反射率的测量来分析条码的识读质量。

工具显微镜用来测量条空尺寸偏差。

测厚仪可以测出条码的条、空尺寸之差而得到油墨厚度。

显微镜通过分析条、空边缘的粗糙度来确定条码的印制质量。

2）专用设备

条码检测专用设备一般分为两类：便携式条码检测仪和固定式条码检测仪。

（1）便携式条码检测仪

简便、外形小巧的条码检测仪广泛适用于各种检测。不是所有的条码检测应用都要求分析同样的参数，所以有些便携式条码检测根据不同的应用提供不同的检测仪型号。针对传统和全 ANSI/CEN 参数的检测，便携式条码检测仪（见图 4-22）可以快速检测合格与否，并且可以通过功能强大的检测手段分析进一步的详细参数。检测结果将通过一个 4 行 20 字符的 LCD 以及发光二极管、声音来表示。便携式条码检测仪还可以通过 RS232 接口连接到 PC 机上来测量使用手持式激光条码扫描设备测量到条码的质量，方便快捷。它可以快速提供针对尺寸、格式参数质量合格与否的检测信息，如平均条码偏差、宽窄比、ANSI/CEN/ISO可解码度等。通过外接鼠标或笔式条码扫描设备,便携式条码检测仪也可以提供诸如传统ANSI/CEN/ISO尺寸、反差度和格式参数的检测结果。有些便携式条码检测仪设备也可以立即设定成为检测特别的条码参数,方法是用条码检测仪扫一下指令条码或让操作员根据简单易懂的操作程序手册来按部就班操作即可。为了适应多变的条码密度,使用者可以通过改变鼠标或笔式条码扫描器设备来选择适当的孔径(有3、5、6、10、20MIL的鼠标和5、6、10MIL的笔式条码扫描设备备选)。如果需要,还可以通过相配合的打印机选择打印出任何台式型号的详细检测结果文件,或通过RS232接口将检测结果下载到PC机,每个条码检测仪都有内置的可充电的镍铬电池和交流充电器供电。

图4-22 便携式条码检测仪

(2)固定式条码检测仪

固定式条码检测仪(见图4-23)是一种专门设计的安装在印刷设备上的检测仪(一些是为了高速印刷,其他的设计为随选打印机),它们检测设备对条码符号的制作,并对主要的参数特别是单元宽度提供连续的分析,以使操作者非常及时地控制印刷过程。在线固定式条码检测仪能对条码标签在打印、应用、堆叠和处理的过程中进行实时连续的检测,常用于热敏或热转印打印机,内置激光检测仪和电源。一些设备甚至还能自动反馈控制指令,以提高符号质量,并重新印刷有缺陷的标签。这样可以大大提高生产率,降低成本,提高生产质量。

3. 测量设备技术指标

1)测量光波长

测量仪器的测量光波长要尽可能与实际使用的识读设备的扫描光波长一致,并应在检测结果(符号等级)中标明。因为同一材料对不同波长的光的反射率可能不同,所以对测量光波长提出要求是容易理解的。由于现在商

图 4-23　固定式条码检测仪

品条码识读设备广泛采用半导体激光器件作扫描光源,其波长约 670nm,所以 EAN/UCC 规范规定对商品条码检测的测量光波长为 670nm ± 10nm。

2) 测量光孔直径

检测仪器的测量光孔直径要尽可能与实际使用的识读设备的光孔直径一致,并应在检测结果(符号等级)中标明。EAN/UCC 规范及国家标准规定对商品条码检测的测量光孔直径为 0.15mm (0.006in,标号 06)。这里所说的测量光孔直径是指光学系统放大倍数为 1 时的光孔直径或等效为放大倍数为 1 的光孔直径,此时,光孔直径与测量仪器对条码符号的采样区域直径相同。

3) 测量光路

测量光路为 45°入射、垂直接收,简称"45/0"光路(见图 4-24)。这是大多数条码检测仪采用的光路形式。但有些检测仪如激光枪式检测仪难以实现这种光路形式。识读设备中,激光枪式扫描器和全方位通道式扫描器都无法完全实现"45/0"光路扫描。因此,检测光路与识读扫描光路一致的要求实际上不容易满足。

4) 反射率参照标准

国家标准规定,以氧化镁(MgO)或硫酸钡($BaSO_4$)作为 100% 反射率的参照标准。ISO/IEC 15416 除了有上述规定外,还可用经过获认可的国家标准实验室以"45/0"光路校准和出具证书的漫反射样品作为反射率参照标准。在我国,可以用经计量检定机构检定(或校准)并出具证书的标准漫反射板作反射率参照标准。

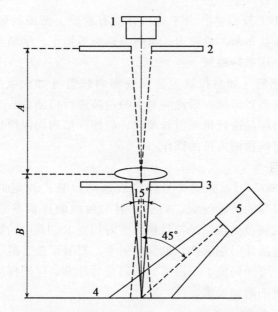

1——光传感器;2——放大率为1:1时测量孔径(距离 A = 距离 B);3——光栏;4——待测样品;5——光源.

图 4-24 测量光路结构示意图

4. 样品处理

条码尺寸误差及反射率测定均属于间接法移动式测量,因此,测量源与条码被测物应始终保持等距,否则,测量准确度和重复性将受到影响,因此,必须保证被检样品的平整性,无皱折,不变形。为了做到这一点,可对不同载体的条码标识作以下处理:

(1) 对于铜版纸、胶版纸,因纸张变形张力小,一般只要稍稍用力压平固定即可。

(2) 对塑料包装来说,材料本身拉伸变形易起皱,透光性强,因此制样时,将塑料膜包装上的条码部分伸开压平一段时间,再将其固定在一块全黑硬质材料板上。由于塑料受温度的影响大,所以样品从室外拿到检测室后应放置 0.5~1h,让样品温度与室温一致后再进行检测。

(3) 对于马口铁,当尺寸过大时,由于重力作用会产生不同程度的弯曲变形,因此检测前,应将样品裁截至一定大小,一般尺寸为 15cm × 15cm

以内，再将其轻轻压平。

（4）对于不干胶标签，由于材料背面有涂胶，两面的张力不同，也会有不同程度的弧状弯曲。检测前，可将条码标签揭下，平贴至与原衬底完全相同的材料上，压平后检测。

（5）对于铝箔（如易拉罐等）及硬塑料软管（如化妆品等）等材料，由于它们是先成型后印刷，因此应对实物包装进行检测。

总之，在对样品进行检测前处理时，应使样品四周保留足够的尺寸，避免变形弯曲或影响检测人员的操作。

5. 检测项目

GB/T 14258-2003《条码符号印刷质量的检验》规定的检测项目共3项，包括条码符号的质量等级、扫描反射率曲线的评价参数、条码符号标准、应用标准或规范规定条码符号整体的附加要求。其中，扫描反射率曲线的评价参数又包括译码正确性、最低反射率、符号反差、最小边缘反差、调制比、缺陷度、可译码度、空白区、条码符号标准、应用标准或规范规定对扫描反射率曲线的附加要求。

（1）译码正确性

译码正确性是描述对扫描反射率曲线进行译码是否正确的一个指标，是条码符号应有的根本特性。译码正确性是条码符号能被正确使用和评价条码符号其他质量参数的基础的前提条件。

（2）最低反射率

最低反射率（R_{min}）是指扫描反射率曲线上反射率的最小值。R_{min}不能大于0.5倍的最高反射率（R_{max}），这样可以保证R_{min}不会太高，特别是在R_{max}比较高的情况下，确保空的反射率和条的反射率有足够的差异。

（3）符号反差

符号反差（SC）是反射率曲线上最高和最低反射率之差，

$$SC = R_{max} - R_{min}$$

式中，R_{max}表示最高反射率；R_{min}表示最低反射率。

符号反差大，说明条、空颜色搭配合适或承印材料及油墨的反射率满足要求；符号反差小，则应在条、空颜色搭配、承印材料以及油墨等方面找原因。

（4）最小边缘反差

边缘反差（EC）是相邻单元空（包括空白区）反射率与条反射率之差，

$$EC = R_a - R_b$$

式中，R_a表示相邻单元空（包括空白区）的反射率；R_b表示最低反射率。

在扫描反射率曲线上,所有边缘反差中的最小值被称为最小边缘反差 EC_{min}。最小边缘反差反映了条码符号局部的反差情况。如果符号反差不小,但最小边缘反差小,一般是由于窄空的宽度偏小、油墨扩散造成的窄空处反射率偏低;或者是窄条的宽度偏小、油墨不足造成的窄条处反射率偏高;或局部条反射率偏高、空反射率偏低。边缘反差太小会影响扫描识读过程中对条、空的辨别。

（5）调制比

调制比（MOD）是最小边缘反差和符号反差的比,它反映了最小边缘反差与符号反差在幅度上的对比,

$$MOD = EC_{min}/SC$$

式中,EC_{min} 表示最小边缘反差;SC 表示符号反差。

一般来说,符号反差大,最小边缘反差就要相应大些,否则,调制比偏小,将使扫描识读过程中对条、空的辨别发生困难。可见,最小边缘反差、符号反差和调制比这三个参数是相互关联的,它们综合评价条码符号的光学反差特性。

（6）缺陷度

缺陷度（defects）是单元内即空白区中反射率曲线的非均匀度。

单元反射率曲线的非均匀度（ERN）用一个单元或空白区中最高峰反射率与最低谷反射率的差值表示。如果条单元中无峰或空单元中无谷时,其 ERN 为 0。取所有 ERN 中的最大值作为该次测量扫描反射率曲线的最大单元反射率不均匀度（ERN_{max}）。Defects 以 ERN_{max} 和 SC 之比来表示：

$$Defects = ERN_{max}/SC$$

式中,ERN_{max} 表示最大单元反射率不均匀度;SC 表示符号反差。

缺陷度的大小与脱墨、污点的大小及其反射率、测量光孔直径和符号反差有关。在测量光孔直径一定时,脱墨、污点的直径越大,脱墨的反射率越高和污点的反射率越低,符号反差越小,那么缺陷度就越大,对扫描识读的影响也越大。

（7）可译码度

条码符号的可译码度是以使用的标准译码算法为基准衡量其印制精度的一个指标。条码扫描设备在识读可译码度高的条码符号时,比识读可译码度低的条码符号要更顺利些。

（8）空白区检测

空白区宽度的最小许可值要在窄单元平均宽度计算出来之后才能确定。

对空白区质量评价方法参见具体的条码符号标准。

6. 条码检测操作方法

（1）外观

直接观察或用放大镜、显微镜检测。

（2）印刷厚度

用测厚仪测量被测条码的条、空尺寸之差而得到。

（3）印刷位置

用目测直接判断条码位置是否合格。

（4）用条码检测仪扫描条码符号

对于光笔式检测仪，扫描时，笔头应放在条码符号的左侧，笔体应和垂直线保持15°的倾角（或按照仪器说明书作一定角度的倾斜）。这种条码检测仪一般都有塑料支撑块使之在扫描时保持扫描角度的恒定。另外，应该确保条码符号表面平整，如果表面起伏或不规则，就会导致扫描操作不稳定，最终导致条码检测的结果不正确。光笔式条码检测仪应该以适当的速度平滑地扫过条码符号表面。扫描次数可以多至10次，每一次应扫过符号的不同位置。检测者通过练习就能掌握扫描条码的最佳速度。如果扫描得太快或太慢，仪器都不会成功译码，有的仪器还会对扫描速度不当做出提示。

对于使用移动光束（一般为激光）或电机驱动扫描头的条码检测仪，应该使其扫描光束的起始点位于条码符号的空白区之外，并使其扫描路径完全穿过条码符号。

为了对每个条码符号进行全面的质量评价，综合分级法要求检测时在每个条码符号的检测带内至少进行10次扫描，有的仪器可以自动完成此项操作。扫描线应均匀分布，见图4-25。分析相应的10条扫描反射率曲线，并对各分析结果求平均得出检测结果。

4.3.3 质量判定

1. 符号等级

符号等级化能够就测量条件下符号的质量给出一个相对的尺度。每一个扫描反射率曲线都要经过分析，对于每一个参数，都给出一个评价等级，等级值从大到小，表示相应的质量水平从高到低。等级4表示质量最好，等级0表示质量最差。单个扫描反射率曲线的等级应为该扫描反射率曲线中各参数等级的最低值。符号等级应为单个扫描反射率曲线等级的算术平均值。

如果同一个条码符号有两次扫描产生的译码数据不同，那么不管单个扫

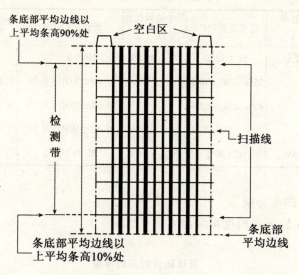

图 4-25 扫描线图

描反射率曲线的等级是多少,该条码符号的符号等级都为 0。

2. 扫描反射率曲线等级的确定

扫描反射率曲线的等级等于译码正确性、最低反射率、符号反差、最小边缘反差、调制比、缺陷度、可译码度以及符号标准和应用标准对扫描反射率曲线附加要求的质量等级中的最小值。

(1) 译码正确性

可译码的条码符号在字符编码、起始符、终止符、符号校验字符、空白区及字符间隔(如果有)方面应该符合条码符号的标准。如果按照标准的译码算法,扫描反射率曲线不能正确地被译码,译码正确性就为"错误",此参数的质量等级就为 0;否则,译码正确性就为"正确",该参数的质量等级就为 4。

(2) 反射率参数的等级

符号反差、调制比和缺陷度根据其值大小,等级可被定为 4 到 0。最低反射率和最小边缘反差被分为 0 级或 4 级。这些参数相互关联,应放到一起考虑。

表 4-4 规定了参数的值对应的各个等级。

表 4-4　　　　　　　　　　参数的值对应的各个等级

等级	最低反射率 (R_{min})	符号反差(SC)	最小边缘反差 (EC_{min})	调制比(MOD)	缺陷度(Defects)
4	$R_{min} \leq 0.5 R_{max}$	SC ≥ 70%	EC_{min} ≥ 15%	MOD ≥ 0.70	Defects ≤ 0.15
3		55% ≤ SC < 70%		0.60 ≤ MOD < 0.70	0.15 < Defects ≤ 0.20
2		40% ≤ SC < 55%		0.50 ≤ MOD < 0.60	0.20 < Defects ≤ 0.25
1		20% ≤ SC < 40%		0.40 ≤ MOD < 0.50	0.25 < Defects ≤ 0.30
0	$R_{min} > 0.5 R_{max}$	SC < 20%	EC_{min} < 15%	MOD < 0.40	Defects > 0.30

（3）可译码度分级

根据表 4-5，可译码度可分为 4 到 0 级。

表 4-5　　　　　　　　　　可译码度对应的等级

可译码度(V)	等级
$V \geq 0.62$	4
$0.50 \leq V < 0.62$	3
$0.37 \leq V < 0.50$	2
$0.25 \leq V < 0.37$	1
$V < 0.25$	0

3. 符号等级的确定

设对被检条码符号的扫描次数为 n，一般情况下 n 为 10。若 n 次测量中有任何一次出现译码错误，则被检条码符号的符号等级为 0；若 n 次测量中都无译码错误（允许不译码），则以 n 次测量扫描反射率曲线等级的算术平均值作为被检条码符号由扫描反射率曲线得出的符号等级值。

在最后确定质量等级之前，还应考察条码符号是否满足条码符号标准和应用标准对条码符号整体是否有其他附加要求，并应考察这些要求在标准中是如何论述的，这些要求是否应参与以及如何参与条码符号质量等级的评价。例如，对于一些重要的、强制性的要求，即必须满足的质量参数要求，这些项目一定要参加质量等级评价，如果条码符号满足这些要求，该要求项目的等级为 4；否则，质量等级为 0。符号等级确定流程见图 4-26。

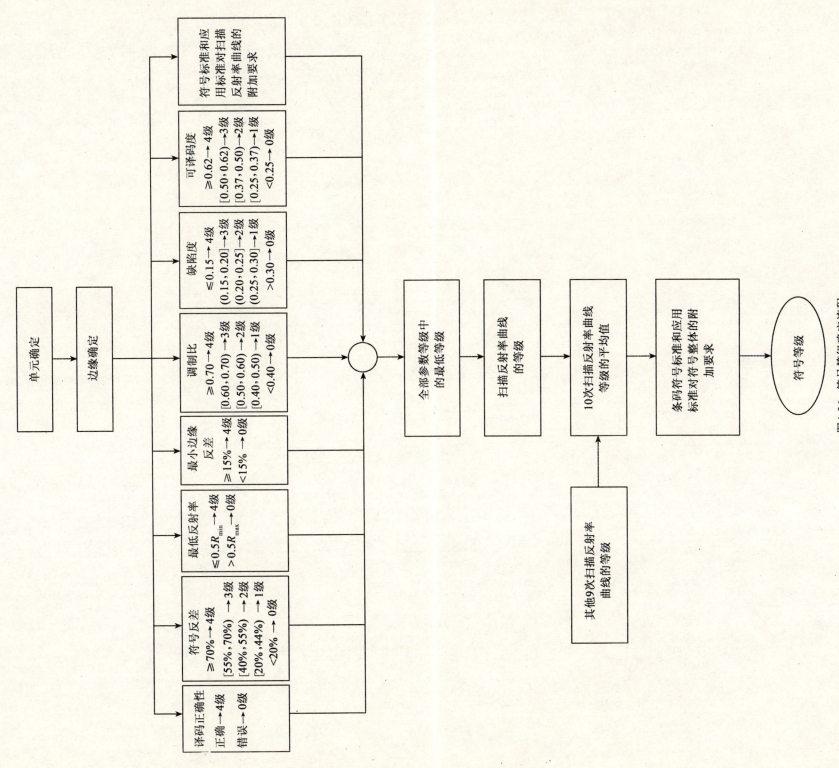

图4-26 符号等级确定流程

4. 符号等级的表示方法

符号等级与测量光波长及测量孔径密切相关。以 $G/A/W$ 的格式来表示，其中 G 是符号等级值、扫描反射率曲线的算术平均值，精确至小数点后一位；A 是测量孔径的标号，其值与条码符号窄单元的标称尺寸相关；W 是测量光波长，以 nm 为单位。如 2.7/06/660 表示，符号等级为 2.7，测量时使用的是 0.15mm 的孔径（千分之六英寸），测量光波长为 660nm。

第5章 条码的识读

5.1 条码识读技术概述

条码的识读是条码技术应用中的一个相当重要的环节,也是一项专业性很强的技术。条码识读技术主要分为硬件技术和软件技术,硬件技术主要涉及光电转换技术、信号采集与转换技术以及通信技术,软件技术主要涉及图像处理、数据处理、数据分析、译码、计算机通信等问题。条码的识读需要专业的条码识读设备来完成,目前,随着条码识读技术的发展,条码识读设备的种类日益增多,功能也日益完善。下面将详细介绍条码识读技术和相关的识读设备。有关扫描识读的概念见附录。

5.1.1 条码识读的基本原理

条码识读的基本工作原理为:由光源发出的光线经过光学系统照射到条码符号上面,被反射回来的光经过光学系统成像在光电转换器上,使之产生电信号,信号经过电路放大后产生一模拟信号,它与照射到条码符号上被反射回来的光成正比,再经过滤波、整形,并转换成与模拟信号对应的数字方波信号,经译码器解释为计算机可以直接接收的数字信号。

5.1.2 条码识读系统的组成

条码符号是图形化的编码符号,对条码符号的识读就是要借助一定的专用设备,将条码符号中含有的编码信息转化成计算机可识别的数字信息。

从系统结构和功能上讲,条码识读系统由扫描系统、信号整形、译码三部分组成,如图5-1所示。

扫描系统由光学系统及探测器即光电转化器件组成,它完成对条码符号的光学扫描,并通过光电探测器将条码条空图案的光信号转换成为电信号。

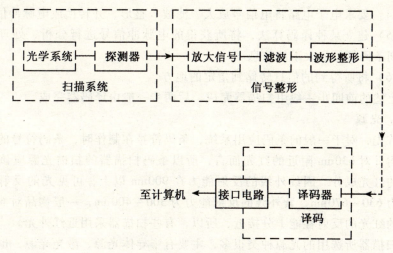

图 5-1 条码识读系统

信号整形部分由信号放大、滤波、波形整形组成,它的功能在于将条码的光电扫描信号处理成为标准电位的矩形波信号,其高低电平的宽度和条码符号的条、空尺寸相对应。

译码部分一般由嵌入式微处理器组成,它的功能就是对条码的矩形波信号按照相对应的条码译码规则进行译码,其结果通过接口电路输出到条码应用系统中的计算机终端或数据终端。

条码符号的识读涉及光学、电子学、微处理器等多种技术。要完成正确识读,必须满足以下条件:

(1) 建立一个光学系统,产生一个光点,使该光点在人工或自动控制下能沿某一轨迹做直线运动,且通过一个条码符号的左空白区、起始符、数据符、终止符及右空白区;或光学系统应能使条码符号的整个图像呈现在线阵或面阵的 CCD 上。

(2) 建立一个反射光接收系统,使它能够接收到光点从条码符号上反射回来的光。同时要求接收系统的探测器的敏感面尽量与光点经过光学系统成像的尺寸相吻合。如果光点的成像比光敏感面小,则会使光点外的那些探测器敏感的背景光进入探测器,影响识读。当然也要求来自条上的光点的反射光弱,而来自空上的光点的反射光强,以便通过反射光的强弱及持续时间来测定条(空)宽。

(3) 要求光电转换器将接收到的光信号不失真地转换成电信号。

(4) 要求电子电路将电信号放大、滤波、整形,并转换成电脉冲信号。

(5) 建立某种译码算法,将所获得的电脉冲信号进行分析、处理,从而得到条码符号所表示的信息。

(6) 将所得到的信息转储到指定的地方。

上述的前四步一般由扫描器完成,后两步一般由译码器完成。

1. 光源

首先,对于一般的条码应用系统,条码符号在制作时,条码符号的条空反差均针对 630nm 附近的红光而言,所以条码扫描器的扫描光源应该含有较大的红光成分。因红外线的反射能力在 900nm 以上,可见光的反射能力一般为 630~670nm,紫外线的反射能力为 300~400nm,一般物品对 630nm 附近的红光的反射性能十分接近,所以,有些扫描器采用近红外光。

扫描器所选用的光源种类很多,主要有半导体光源、激光光源,也有选用白炽灯、闪光灯等光源的。在这里主要介绍半导体发光管和激光器。

1) 半导体发光二极管

半导体发光二极管又称发光二极管,它实际上就是一个 P 型半导体和 N 型半导体组合而成的二极管。当 P-N 结上施加正向电压时,发光二极管就发出光来,如图 5-2 所示。

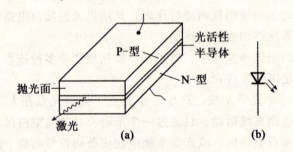

图 5-2 半导体发光二极管

2) 激光器

激光技术的发展已有三十多年的历史,它现在广泛应用于各个领域。激光器可分为气体激光器和固体激光器,气体激光器波长稳定,多用于长度测量,其中氦氖激光器波长为 633nm,因此,早期的条码扫描器一般采用氦氖激光器作为扫描光源。但到了 20 世纪 80 年代,随着半导体技术的发展,固体半导体激光器问世,并得到了迅速发展,它具有光功率大、功耗低、体积小、工作电压低、寿命长、可靠性高、价格低廉等特点,这使得原来使用的氦氖激光器迅速被取代。

我们常见的半导体激光器光功率一般在 3~5nm,因而常用于利用光强测量的设备中,体积像一个普通三极管那么大,所以半导体激光器又称激光二极管。因为条码扫描器普遍采用了激光二极管,条码扫描器的体积和成本大大降低,刚开始时,只有只能发出红外激光的激光二极管,90 年代后,才相继出现了红色激光二极管,这方面的发展已成为近些年来条码技术发展的重要方面。

激光与其他光源相比,有其独特的性质:

(1) 很强的方向性;

(2) 单色性和相干性极好,其他光源无论采用何种技术,也得不到像激光器发出的那样的单色光;

(3) 可获得极高的光强度,条码扫描系统采用的都是低功率的激光二极管。

2. 扫描器的扫描机构

扫描条码符号主要有三种方式:手动扫描、自动扫描、CCD 扫描。

1) 手动扫描

手动扫描比较简单,扫描器内部不带有扫描装置,发射的照明光束的位置相对于扫描器固定,完成扫描过程需要手持扫描器扫过条码符号。这种扫描器就属于固定光束扫描器。光笔和大多数卡式条码识读器都采用这种扫描方式。光笔扫描见图 5-3。

图 5-3 光笔的扫描示意图

2）自动扫描

自动扫描是指条码扫描器内部含有使扫描光束做扫描运动的装置，如旋转镜组、摆镜。自动扫描的扫描光源为激光，图 5-4 为自动扫描的基本原理图。

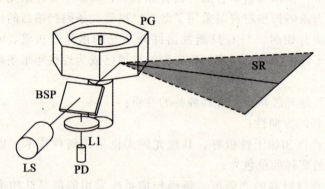

图 5-4　自动扫描的基本原理图

图 5-4 中，扫描光束从激光器（LS）中发出，穿过半反半透镜面（BSP），在通过周期性旋转的棱镜（PG）的各反射镜面形成激光束的扫描运动。与此同时，照明光点在条码符号上的反射光通过旋转棱镜的镜面，经半反半透镜面反射，经过会聚透镜汇聚的光电探测器上。在这个扫描结构中，激光的扫描光束未经过接收光的透镜系统，保持着激光光束细窄、光能集中的特点。但在透镜系统外，激光光束和接收系统的光轴保持重合，这样就保证了激光的照明点就是探测器的接收点。

手持激光扫描器的扫描装置一般用摆镜代替棱镜，在内部震动线圈的驱动下摆动，实现扫描。而在超级市场中的全向激光扫描器一般采用旋转棱镜扫描和全息扫描两种方案。这两种扫描方式都能产生多个方向、多个位置的扫描。

图 5-5 是一个典型的使用旋转镜面实现的全向扫描结构示意图。在扫描光路中，每一个平面镜和棱形旋转镜的多个镜面（图中是 5 个）组合就能形成某一个方向上的多个扫描线。三个平面镜和旋转镜面的组合就构成了三个方向上的多线扫描。而扫描光点经平面镜、旋转镜面原路返回，再由复合物镜会聚到光电探测器上。

全息扫描的扫描原理更加新颖，其扫描装置为一个旋转的全息盘，这种

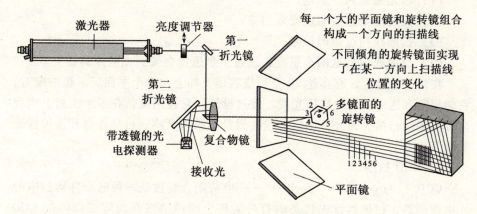

图 5-5 旋转棱镜扫描结构示意图

全息盘代替了上面的旋转棱镜。图 5-6 是一个反射式全息扫描的结构示意图。

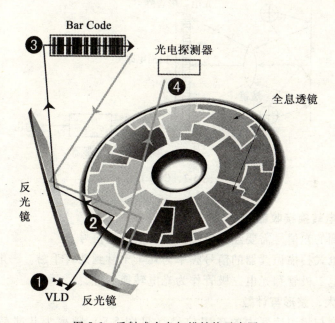

图 5-6 反射式全息扫描结构示意图

全息扫描的基本过程如下:

（1）激光束射到全息盘；
（2）旋转的全息盘实现光束扫描；
（3）扫描线扫过条码符号；
（4）反射光信号返回全息盘，通过全息透镜会聚到光电探测器上。

在该全息盘上，有多达 20 个扫描透镜，加上和多个平面反射镜的配对，它能扫除多达 100 条的扫描光线。经过设计，它特别擅长在多个距离上实现多方向多线扫描。另外，全息扫描装置具有结构紧凑、可靠性高和造价低廉等显著优点。

3) CCD 扫描

CCD（charge coupled device）——电荷耦合装置是一种电子自动扫描的光电探测器，扫描器首先将条码符号的整个图像呈现在线阵或面阵的 CCD 上，然后，CCD 对其上的光信号进行光电转换并进行自动扫描，而不需要增加任何运动机构，所以它是一种特殊的自动扫描，如图 5-7 所示。

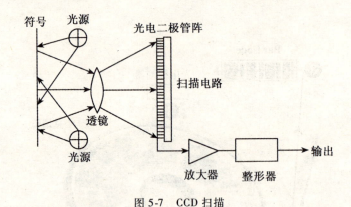

图 5-7　CCD 扫描

3. 光电转换接收器

接收到的光信号需要经光电转换器转换成电信号。

手持枪式扫描识读器的信号频率为几十千赫到几百千赫。一般采用硅光电池、光电二极管和光电三极管作为光电转换器件。

4. 放大、整形与计数

全角度扫描识读器中的条码信号（见图 5-8）频率为几兆赫到几十兆赫。全角度扫描识读器一般都是长时间连续使用，为了使用者的安全，要求激光源出射能量较小，因此最后接收到的能量极弱。为了得到较高的信噪比

（这由误码率决定），通常采用低噪声的分立元件组成前置放大电路来作为低噪声的放大信号。手持枪式扫描识读器出射光能量相对较强，信号频率较低，另外，如前所说，还可采用同步放大技术等。因此，它对电子原器件的特性要求就不是很高。而且由于信号频率较低，就可以较方便地实现自动增益控制电路。

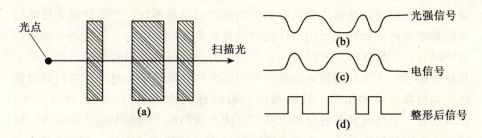

图 5-8　条码的扫描信号

由于条码印刷时的边缘模糊性，更主要是因为扫描光斑的有限大小和电子线路的低通特性，将使得到的信号边缘模糊，通常称为模拟电信号。这种信号还需经整形电路尽可能准确地将边缘恢复出来，变成通常所说的数字信号。同样，手持枪式扫描器由于信号频率低，在选择整形方案上将有更多的余地。

条码识读系统经过对条码图形的光电转换、放大和整形，其中信号整形部分由信号放大、滤波、波形整形组成，它的功能在将条码的光电扫描信号处理成为标准电位的矩形波信号，其高电点平的宽度和条码符号的条空尺寸相对应，这样就可以按高电点平持续的时间计数。

5. 译码

条码识读系统根据量化后的条空宽度值进行译码，由译码单元译出其中所含的信息。各种条码符号的标准译码算法来自于各个条码符号标准。不同的扫描方式对译码器的性能要求不同。

1）译码的过程

条码是一种光学形式的代码，它不是利用简单的计数来识别和译码的，而是需要用特定方法来识别和译码的。译码包括硬件译码和软件译码。硬件译码通过译码器的硬件逻辑来完成，译码速度快，但灵活性较差。为了简化结构和提高译码速度，现已研制了专用的条码译码芯片，并已经在市场上销售。软件译码通过固化在 ROM 中的译码程序来完成，灵活性较好，但译码速度较慢。实际上，每种译码器的译码都是通过硬件逻辑与软件共同完成的。

不论采用什么方法，译码都包括如下几个过程：

(1) 记录脉冲宽度

译码过程的第一步是测量记录每一脉冲的宽度值，即测量条空宽度。记录脉冲宽度利用计数器完成。我们所用的扫描设备不同，产生的数字脉冲信号的频率不同，计数器所用的计数时钟也发生相应的变化。仅能译一种码制的译码器，计数器所用的时钟一般是固定的；能译多种码制的译码器，由于其脉冲信号的变化范围较大，所以要用到多种计数频率。对于高速扫描设备所产生的数字脉冲信号，译码器的计数时钟高达 40MHz。在这种情况下，译码器有一个比较复杂的分频电路，它能自动形成不同频率的计数时钟，以适应于不同的扫描设备。下面介绍一种脉冲宽度的测量方法。如图 5-9（a）及图 5-9（b）所示，它是一种利用中断技术测量脉冲宽度的测量方法。

利用两个计数器分别测量高电平"1"（对应"条"）及低电平"0"（对应"空"）的宽度持续时间。当数字脉冲信号的"1"到来时，启动中断 0，存储计数器 0 的数值后再清零；同时启动计数器 1 开始计数，中断返回。当数字脉冲信号的"0"到来时，启动中断 1，存储计数器 1 的数值后再清零，同时启动计数器 0 开始计数，中断返回。

采用这种方法测量脉冲宽度，除了电平变化时占用一点 CPU 时间外，整个计数过程一直释放 CPU，所以在计数的同时就可以进行比较转换，即计数与转换同时进行，可大大提高译码速度。

(2) 比较分析处理脉冲宽度

脉冲宽度的比较方法有多种，比较过程并非简单地求比值，而是经过转换/比较后得到一系列的便于存储的二进制数值，把这一系列的数据放入缓冲区，以便下一步的程序判别。转换/比较的方法因码制的不同也有多种方法，比较常见的是均值比较法和对数比较法。

(3) 程序判别

译码过程中的程序判别是用程序来判定转换/比较所得到的一系列二进制数值，把它们译成条码符号所表示的字符，同时也完成校验工作。

对于一个能译多种码制的译码，判定的方法比较复杂。首先需要判定码制。对于每个条码符号来说，都有空白区，现在的译码器大多是根据空白区与第一个条的比较来初步判定码制的。考虑多种因素的影响以及大量的实践

第 5 章 条码的识读

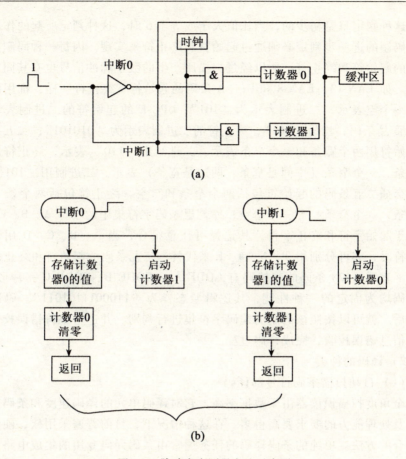

图 5-9 脉冲宽度测量方法示意图

可得到表 5-1 的经验。

表 5-1　　　　　　　　　　　码制判断表

空白区	条码类型
<1	不是空白区
≥3 且 <4	128 条码或库德巴条码
≥3 且 <6	UPC/EAN 条码、128 条码或库德巴条码
≥6	UPC/EAN 条码、128 条码或库德巴条码、九三条码、二五条码、三九条码

这种判定只是初步的，当比值大于或等于 6 时，这种判定所起的作用不大。码制的进一步判定必须通过起始符和终止符来实现。因每一种码制都有选定的起始符和终止符，所以经过扫描所产生的数字脉冲信号也有其固定的形式。如 EAN-13、EAN-8 和 UPC-A 条码的起始符、终止符一样，都用两个条、一个空表示，二进制表示为"101"；UPC-E 的起始符的二进制表示同 EAN 商品条码，均为"101"，终止符的二进制表示为"010101"；二五条码的起始符用两个宽条和一个窄条表示，二进制用"110"表示，终止符用两个宽条、一个窄条（中间是窄条，两边是宽条）表示，二进制用"101"表示；交插二五条码的起始符包括两个窄条和窄空，终止符包括两个条（一个宽条、一个窄条）和一个窄空；库德巴条码字符集中的字母 A、B、C、D 只用于起始字符和终止字符，其选择可任意组合，当 A、B、C、D 用作终止字符时，亦可分别用 T、N、#、E 来代替；三九条码的起始符和终止符通常用 * 表示；128 条码的起始码有 CODE A、CODE B、CODE C 三种形式，终止码均为固定的一种性能，其逻辑型态皆为"1100011101011"。码制判定以后，就可以按照该码制的编码字符集进行判别，并进行字符错误校验和整串信息错误校验，完成译码过程。

2）译码的种类

（1）自动扫描条码符号的译码

全角度扫描识读器由于数据率高，它对译码单元的译码速度和条码信号辨别及处理能力的要求要高得多。在这种情况下，目前普遍采用软、硬件紧密结合的方法。单纯的条码译码的任务通常由条码译码专用的集成电路来完成，这就是我们常说的硬件译码，只有这样，才能实现高速的译码。有关条码信号的其他操作（因条码识读器不同而不同）则由微处理器来完成。

对于激光自动扫描系统，译码器以及集成在一起的微处理器要承担许多工作。

自动扫描器每秒能进行多次扫描操作，译码单元应该确保在一次条码识读中同一条码数据重复输入到条码的输入终端。这时的条码译码单元一般都和扫描器集合于一体，扫描器中的微处理器可以协调扫描系统、译码等多个单元的运行。

对于在超级市场工作的全向条码扫描器，对于 UPC、EAN 码，有些译码器还具有左、右码段自动拼接功能。

（2）手动扫描的条码信号的译码

对于手动扫描，用微处理器配合若干简单的信号采集电路就能完成译码工作。一般来讲，条码译码单元都能使得条码识读设备进行简单的编程，通过编程，条码识读器可以采用多种格式输出条码字符，如在条码数据后面加回车键、加前置字符等。

6. 通信接口

条码识读器的通信接口主要有键盘接口和串行接口。

1）键盘接口方式

早期的条码识读器与计算机通信的一种方式是键盘仿真，即条码识读器通过计算机键盘接口给计算机发送信息。条码识读器与计算机键盘口通过一根四芯电缆连接，通过数据线串行传递扫描信息。这种方式的优点是：无需驱动程序，与操作系统无关，可以直接在各种操作系统上直接使用，不需要外接电源。

2）串口方式

目前，大多数扫描条码得到的数据由串口输入，需要驱动或直接读取串口数据，需要外接电源。

串行通信是计算机与条码识读器之间的一种常用的通信方式。接收设备一次只传送一个数据位，因而比并行数据传送要慢。但并行数据传送要求在两台通信设备之间至少安装含 8 条数据线的电缆，造价较高，这对于短距离传送来说还可以接受，然而对长距离的通信则是不能接受的。串行数据的传送方式如图 5-10 所示。

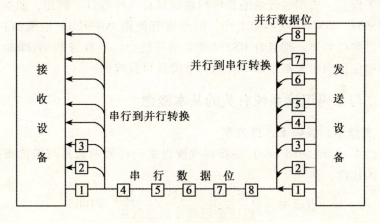

图 5-10 串行数据传输

计算机的发送设备将 8 位并行数据位同时送到串行转换硬件设备上，而这些数据则顺序地一次次地从该设备送到接收站。因此，在发送端，并行数据位流必须经过变换，变成串行数据位流，然后在接收端通过变换又恢复成并行数据位流，这主要由串行接口来完成转换。

条码识读器与计算机通过串行口连接后，条码识读器不断把采集到的信息输送给计算机，因此，通信软件要不断地对串行口进行操作，保证及时准确地收到条码识读器发来的全部信息。然而在计算机应用系统中，数据采集仅仅是应用系统的一部分，计算机的大部分时间是被用户的应用程序所占用。就是说，如果不采用特殊技术将通信程序保护起来，应用程序就会覆盖掉通信程序，使得识读器采集到的信息无法完整、准确地送给计算机处理。如果应用系统需要数据时，每次调用通信软件，也将大大降低应用系统的运行效率。因此，设计条码识读器与计算机的通信软件时，应采用常驻内存技术，DOS 将常驻内存的通信软件视为自身的一部分并加以保护，使其免受后续程序的覆盖，以便保证串行口信息被及时、完整、准确地接收。条码识读系统一般采用 RS232 或键盘口传输数据。条码扫描器在传输数据时，使用 RS232 串口通信协议，使用时，要先进行必要的设置，如波特率、数据位长度、有无奇偶校验和停止位等。同时，条码扫描器还选择使用何种通信协议 ACK/NAK 或 XON/XOFF 软件握手协议。条码扫描器将 RS232 数据通过串口传给 MX009，MX009 将串口数据转化成 USB 键盘（Keyboard）或 USB Point-of-Sale 数据。MX009 只能和带有 RS232 串口通信功能的条码扫描器共同工作。一些型号较老的条码扫描器只有一种接口。例如，如果使用键盘口 MS951，MX009 就不能工作。但是所有使用 PowerLink 电缆的扫描器，不论接口类型如何，都具有 RS232 串口通信能力。所有与 PowerLink 电缆兼容的扫描仪识别起来都很简单，因为电缆是可分离的。

5.1.3 与条码识读系统有关的基本概念

1. 首读率、误码率、拒识率

首读率（first read rate）是指首次读出条码符号的数量与识读条码符号总数量的比值，即

$$首读率 = \frac{首次读出条码符号的数量}{识读条码符号的总数量} \times 100\%$$

误码率（misread rate）是指错误识别次数与识别总次数的比值，即

$$误码率 = \frac{错误识别次数}{识别总次数} \times 100\%$$

拒识率（non-read rate）是指不能识别的条码符号数量与条码符号总数量的比值，即

$$拒识率 = \frac{不能识别的条码符号数量}{条码符号的总数量} \times 100\%$$

不同的条码应用系统对以上指标的要求不同。一般要求首读率在85%以上，拒识率低于1%，误码率低于0.01%。但对于一些重要场合，要求首读率为100%，误码率为百万分之一。

首读率过低，必然会使操作者感到厌倦，但与拒识相比，后者更严重，它常使数据无法录入，造成再次被原来键盘录入的方式替代。对于一个条码系统而言，误码率高比首读率低更糟，由误读引起的错误将造成信息的混乱和资源的浪费。

需要指出的是，首读率与误码率这两个指标在同一识读设备中是矛盾统一的。当条码符号的质量确定时，要降低误码率，需要加强译码算法，尽可能排除可疑字符，必然导致首读率的降低。当系统的性能达到一定程度后，要想再进一步提高首读率的同时，降低误码率是不可能的，但可以牺牲一个指标而使另一个指标达到更高的要求。在一个应用系统中，首次读出和拒识的情况显而易见，但误识情况往往不易察觉，用户一定要注意。

2. 译码冗余度

译码冗余度是指设备在接受一个有效解码之前预先定义的、相同解码的次数。如译码冗余度为2，则需要两次相同的解码过程。

3. 扫描器的分辨率

扫描器的分辨率是指扫描器在识读符号时能够分辨出的条（空）宽度的最小值。它与扫描器的扫描光点（扫描系统的光信号的采集点）尺寸有着密切的关系。扫描光点尺寸的大小则是由扫描器光学系统的聚焦能力决定的，聚焦能力越强，所形成的光点尺寸越小，则扫描器的分辨率越高。

调节扫描光点的大小有两种方法，一种是采用一定尺寸的探测器接受光栅，另一种则通过控制实际扫描光点的大小。

在采用光源照射聚焦光学系统的光电扫描器中，要实现扫描器扫描条码符号所要达到的分辨率，关键在于如何控制光学系统的聚焦能力，使照射到条码符号的光点的直径小于或等于条码符号中最窄元素的尺寸。也就是说，光点的大小决定了光电扫描器的分辨率。光点的直径也就是扫描器所能达到的分辨率。在实际应用的光源中，几何意义的点光源是不存在的。作为光源的发光体，都是具有一定尺寸的几何体。根据几何光学原理可知，对于普通

光源（非激光光源）而言，由于其方向性不好，即使是通过透镜的聚焦也很难获得一个理想的光点（或叫像点）。为此，通常在光源与透镜之间加一个光栏来限制照射光束。光栏的通光孔径相当小，这样就可以把透过光栏孔径的光看作是光栏发出的光，而将光栏孔径处的光近似地看成为点光源。当光束通过透镜后，在透镜的焦点处就能获得一个理想的光点。照射聚焦就是根据这一原理设计的。在照射聚焦方式中，对反射光的接收光路要求不是十分严格，通常把这种光路叫做照射聚焦光路。对于采用激光作光源的光学系统，由于激光方向性好，所发射的光束近似于平行光束，因而经过透镜聚焦后能获得一个非常理想的光点。也就是说，在激光光源与透镜之间不需要加光栏。

而反射光接收聚焦是在光电转换器接收窗口与透镜之间加一光栏，以控制反射光的光束直径。根据光的可逆性可知，加上光栏后，就等同于将照射到条码符号上的光束的一个点成像到光电转换器的接收窗口上。这个光点直径的大小也就决定了条码扫描器所能读取的条码符号上最窄元素的尺寸，也就是扫描器所能达到的分辨率。在反射光接收聚焦方式中，照射到条码符号上的光可以是光源发出的，也可以是外界较强的光照射到条码符号上的。扫描器扫描的感应区域是条码符号的聚焦光点，通常把这种光路叫接收聚焦光路。在这种光学系统中，对光源照射光路要求不是很严格，其聚焦的光面往往比接收聚焦的光点大几倍。

对于普通扫描光源的扫描系统，由于照明光斑一般很大，主要采用探测器光栏来调节扫描光点的大小。如图5-11（a）所示。

对于激光扫描，通过调节激光光束可以直接调节扫描光点，见图5-11（b）。这时在探测器的采集区中，激光的光信号占主流，所以激光的扫描光点就标志了扫描系统的分辨率。

条码扫描器的分辨率不是越高越好，在能够保证识读的情况下，并不需要把分辨率做得太高，若过分强调分辨率，一是提高设备的成本，二是必然造成扫描器对印刷缺陷的敏感程度的提高，则条码符号上微小的污点、脱墨对扫描信号都会产生严重的影响。如图5-12（c）所示，当扫描光点做得很小时，扫描对印刷缺陷的敏感度很高，造成识读困难。如果扫描光点做得太大，扫描信号就不能反映出条与空的变化，同样造成识读困难，如图5-12（b）所示。较为优化的一种选择是：光点直径（椭圆形的光点是指短轴尺寸）为最窄单元宽度值的0.8~1.0倍，如图5-12（a）所示。

为了在不牺牲分辨率的情况下降低印刷缺陷对识读效果的影响，通常

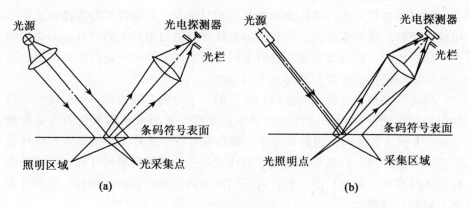

图 5-11 扫描器的光点

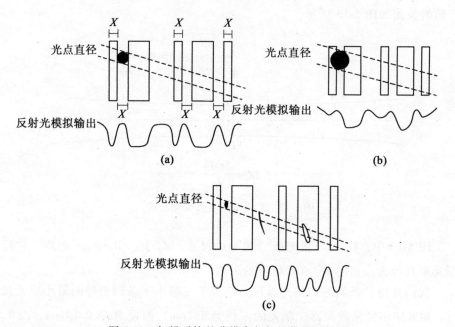

图 5-12 扫描系统的分辨率与扫描信号的关系

把光点设计成椭圆形或矩形，但必须使其长轴方向与条码符号的条高的方向平行，否则会降低分辨率，造成无法正常工作，所以无法确定光点方向的扫描器（如光笔）不能采用这一方法，它适于扫描器的安装及扫描方向都固定的场合。

4. 工作距离和工作景深

根据扫描器与被扫描的条码符号的相对位置，扫描器可分为接触式和非接触式两种。所谓接触式，即扫描器直接接触被扫描的条码符号；而非接触式，即扫描时，扫描器与被扫描的条码符号之间可保持一定的距离范围。这一范围就叫做扫描景深，通常用 DOF 表示。

扫描景深是非接触式的条码扫描器的一个重要参数，在一定程度上，扫描识读距离的范围和条码符号的最窄元素宽度 X 以及条码其他的质量参数有关。X 值大，条码印刷的误差小，条码符号条空反差大，该范围相应地会大些。一般来讲，扫描景深适用于具体应用中的条码符号尺寸和该尺寸下的标准条码符号。制造厂商一般针对不同的条码识读距离和条码符号密度开发出不同的扫描器。

在激光扫描中使用的激光会受到衍射作用的影响，激光光束的直径变化遵循的公式如图 5-13 所示。

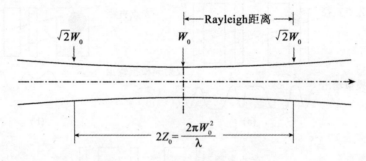

图 5-13　激光光束直接变化公式

图 5-13 中，W_0 表示激光束"腰"的尺寸；Z_0 表示 Rayleigh 距离，它是激光束直径为 $\sqrt{2}$ 倍的 W_0 直径位置的距离。

我们知道，条码的扫描光点尺寸应等于或略小于条码符号的最小单元尺寸。如果使用氦氖激光器，激光的波长为 632nm，假设 $W_0 = 0.19$ mm，$\sqrt{2}W_0$ 约为 0.268mm，和放大系数为 0.8 EAN-13 商品条码的最小单元尺寸（0.264mm）基本相等，如果将该值作为光点的尺寸限制，那么景深就为 $2Z_0$。经上面的公式计算，$2Z_0$ 约为 36cm。

非激光扫描的扫描系统，景深受光学系统景深的限制。如果扫描距离偏离于系统的聚焦平面，条码的成像图像就会变得模糊，模糊的程度用弥散斑直径表述，其计算公式如下：
$$1/L_1 - 1/L_2 = 2 * Z/(f * D)$$
其中，L_1 表示最小物距；L_2 表示最大物距；Z 表示弥散斑直径；f 表示光学系统焦距；D 表示光学出瞳直径。

图像弥散会降低条码符号条空边界的准确性，影响条码符号条空信号的反差。弥散斑直径应该远小于条码最小单元的尺寸。

激光扫描器扫描工作距离一般为 8～30 英寸（20～76cm），有些特殊的手持激光扫描器识读距离能够达到数英尺；CCD 扫描器的扫描景深一般为 1～2 英寸，但出现有新型的 CCD 扫描器，其识读距离能够扩展到 7 英寸（17.78cm）。

5. 扫描频率

扫描频率是指条码扫描器进行多重扫描时每秒的扫描次数。选择扫描器的扫描频率时，应充分考虑到扫描图案的复杂程度及被识别的条码符号的运动速度。不同的应用场合对扫描频率的要求不同。单向激光扫描的扫描频率一般为 40 线/s；POS 系统用台式激光扫描器（全向扫描）的扫描频率一般为 200 线/s；工业型扫描器可达 1000 线/s。

6. 抗镜像反射能力

条码扫描器在扫描条码符号时，其探测器接收到的反射光是漫反射光，而不是直接的镜向反射光，方能保证正确识读。在设计扫描器的光学系统时，已充分考虑到了这一问题。但在某些场合，会出现直接反射光进入探测器影响正常识读的情况。例如，在条码符号表面加一层覆膜或涂层来保护它，这会给识读增加难度。因为当光束照射条码符号时，覆膜的镜向反射光要比条码符号的漫反射光强得多。如果较强的直接反射光进入接收系统，必然影响正确识读。所以在设计光路系统时，应尽量使镜向光远离接收电路。

对于用户来说，在选择条码扫描器时，应注意其光路设计是否考虑了镜向反射问题，最好选择那些有较强的抗镜向反射能力的扫描器。

7. 抗污染、抗折皱能力

在一些应用环境中，条码符号容易被水迹、手印、油污、血渍等弄脏，也可能被某种原因弄皱，使得表面不平整，致使在扫描过程中发生信号变形。这一情况应在信号整形过程中给予充分考虑。

8. 扫描宽度

扫描宽度不适用于光笔或刷卡式扫描器，理论上，这两种扫描器可以扫出任一长度的条码符号，但实际上，条码符号太长时，扫描速度不容易稳定，并且扫描轨迹容易跑出条码符号的有效扫描区域。

对于激光扫描器特别是手持式激光扫描器，条码符号离扫描窗口太近时，扫描线的扫描宽度不是很宽。条码太宽时，就扫不出来。

线性 CCD 条码扫描器识读窗口有的是 6cm 宽，有的是 8cm 宽。条码符号的最大宽度应该略小于 CCD 条码扫描器识读窗口的宽度。

9. 识读图

识读图是指具有特定 X 尺寸（或者其他参数）条码符号的识读区域图形表示。识读图可以提供给读者比较直观的识读设备性能的表示方法。相关的概念有：

景深（depth of field）：条码符号的垂直方向或法向，识读设备能够读取条码符号的距离范围。

最大识读距离（maximum reading distance）：从识读终点到景深上限之间的距离。

最小识读距离（minimum reading distance）：从识读终点到景深下限之间的距离。

光栅间距（raster distance）：两条空间相邻识读线之间的最大距离在平面上的投影。该平面到识读设备识读终点之间的距离是确定的。

光栅宽度（raster width）：最外两条识读线之间的距离在平面上的投影。该平面到识读设备识读终点之间的距离是一定的。这个举例涵盖一个识读区域，是由识读设备的结构和识读距离决定的。

识读图的参数：测量值、Z 轴方向的识读距离、X 尺寸、X 偏转角、Y 转偏角、Z 转偏角、符号对比度、环境光强、符号码制。其定义见图 5-14。

识读区域（reading zone）：是指非接触式识读设备可以对规定的条码符号正确识读的所有区域。图 5-15（a）、图 5-15（b）、图 5-15（c）分别为单轴识读式识读设备、双轴识读式识读设备、三轴识读式识读设备的识读区域示意图。

5.1.4 条码识读设备的分类

条码识读设备的分类有多种方法，在不同的应用领域和应用场合，面向不同的用户群，依据不同的应用要求都有不同的分类方法。

1. 按技术原理分类

条码识读设备采用的技术原理主要有以下几种：光笔式识读设备、CCD 式识读设备、面阵式 CCD/CMOS 识读设备和激光式识读设备。

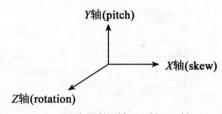

(a) 识读图的X轴、Y轴、Z轴

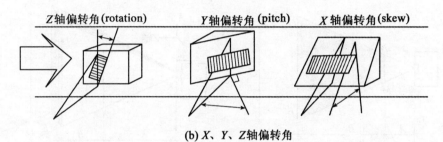

(b) X、Y、Z轴偏转角

图 5-14　识读图的参数定义

1）光笔式识读设备

光笔是最先出现的一种手持接触式条码识读设备，它也是最为经济的一种条码识读设备。使用光笔进行条码识读时，操作者需将光笔接触到条码表面，通过光笔的镜头发出一个很小的光点，当这个光点从左到右划过条码时，在"空"部分，光线被反射，"条"部分，光线被吸收，因此，在光笔内部产生一个变化的电压，这个电压通过放大、整形后用于译码。

光笔式识读设备的优点主要是：与条码接触识读，能够明确哪一个是被识读的条码；识读条码的长度可以不受限制；与其他的识读设备相比，成本较低；内部没有活动部件，比较坚固；体积小，重量轻。

光笔式识读设备的缺点主要是：使用光笔会受到各种限制，如在有一些场合不适合接触识读条码；另外，只有在比较平坦的表面上识读指定密度的、打印质量较好的条码时，光笔才能发挥它的作用；而且操作人员需要经过一定的训练才能使用，如识读速度、识读角度以及使用的压力不当都会影响它的识读性能；最后，因为它必须接触识读，当条码在因保存不当而产生损坏，或者上面有一层保护膜时，光笔都不能使用。

2）CCD 识读设备

CCD 识读设备使用一个或多个 LED，发出的光线能够覆盖整个条码，

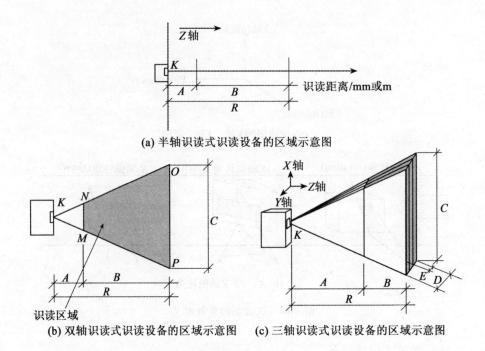

图 5-15　识读设备的识读区域示意图

条码的图像被传到一排光探测器上,被每个单独的光电二极管采样,由邻近的探测器的探测结果为"黑"或"白"区分每一个条或空,从而确定条码的字符。换言之,CCD 识读设备不是注意地识读每一个"条"或"空",而是条码的整个部分,并转换成可以译码的电信号。

CCD 式识读设备的主要优点是:与其他识读设备相比,CCD 识读设备的价格较便宜,同样,识读条码的密度广泛,容易使用。它的重量比激光识读设备轻,而且不像光笔一样只能接触识读。

CCD 式识读设备的主要缺点是:CCD 识读设备的局限在于它的识读景深和识读宽度,在需要识读印在弧形表面的条码（如饮料罐）时会有困难;在一些需要远距离识读的场合,如仓库领域,也不是很适合;CCD 的防摔性能较差,因此产生的故障率较高;在所要识读的条码比较宽时,CCD 也不是很好的选择,信息很长或密度很低的条码很容易超出窗口的识读范围,导致条码不可读;而且某些采取多个 LED 的条码识读设备中,任意一个 LED 故障都会导致不能识读。

3）面阵式 CCD/CMOS 式识读设备

采用 CCD/CMOS 和发光二极管光源的识读设备，称为 CCD/CMOS 识读设备。它是将发光二极管所发出的光照射到被识读的条码上，通过光的反射达到读取数据的目的。CCD/CMOS 识读设备操作方便，易于使用，只要在有效景深范围内，光源照射到条码符号即可自动完成扫描，对于表面不平的物品、软质的物品均能方便地进行识读，无任何运动部件，因此性能可靠，使用寿命长。与其他条码扫描设备比较，具有耗电省、体积小等优点，但其识读条码符号的长度受识读设备的元件尺寸的限制，扫描景深长度不如激光识读设备。目前，已有厂家针对 CCD/CMOS 的不足开发出长距离 CCD/CMOS，扫描距离可达 20cm，识读速度快，扫描距景深长，误码率低，种类繁多，适应不同的需求。

4）激光扫描式识读设备

激光扫描设备的基本工作原理为：激光扫描设备通过一个激光二极管发出一束激光，照射到一个旋转的棱镜或来回摆动的镜子上，反射后的光线穿过识读窗照射到条码表面，光线经过条或空的反射后返回识读设备，由一个镜子进行采集、聚焦，通过光电转换器转换成电信号，该信号将通过识读设备或终端上的译码软件完成译码。

激光式识读设备的优点是：激光式识读设备可以很杰出地用于非接触识读，通常情况下，在识读距离超过 30cm 时，激光识读设备是唯一的选择；激光识读条码密度范围广，并可以识读表面不规则的条码或透过玻璃或透明胶纸识读，因为是非接触识读，因此不会损坏条码标签；因为有较先进的识读及译码系统，首读识别成功率高，识别速度相对光笔及 CCD 更快，而且对印刷质量不好或模糊的条码识别效果好；误码率极低；激光识读设备的防震防摔性能好，某些设备可达到 1.5m 水泥地防摔。

激光扫描式识读设备的缺点是它的价格相对较高。

2. 按照识读模式分类

按识读模式可将识读设备分为单轴式、双轴式和三轴式的识读设备。

1）单轴识读式识读设备

该类型中，所有的识读设备都带有一个固定识读光束，通过字符和识读设备之间的相对运动实现对字符的扫描。

单轴识读式识读设备举例如下：

固定光束的识读设备是采用激光或者其他光源进行扫描的非接触式识读设备。

光笔或者光棒都是手持式铅笔型的装置,它的顶端是出射窗口,人工进行接触式扫描通过字符,可以忽略其读取景深。

卡槽式识读设备的上面有一个槽,条码符号人工滑动或者靠近进行条码符号的识读,其光学排列与光笔的类似。槽式识读设备是应用于电子扫描中的全向激光识读设备。图 5-16 给出了单轴识读式识读设备的原理图以及相关参数。

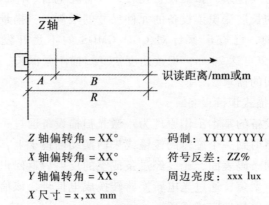

Z 轴偏转角 = XX°　　　　码制:YYYYYYY

X 轴偏转角 = XX°　　　　符号反差:ZZ%

Y 轴偏转角 = XX°　　　　周边亮度:xxx lux

X 尺寸 = x.xx mm

单轴识读式识读设备	
参　数	含　义
A	最小识读距离
B	识读景深
R	最大识读距离

图 5-16　单轴识读式识读设备的识读原理

2) 双轴识读式识读设备

该类型中,所有的识读设备都带有一个在单一平面内可以有效扫描(光线扫描或电子扫描)的识读光束,因此可以获取通过该平面的条码符号。

双轴识读式识读设备举例如下:

光束移动的识读设备。在这种识读设备中,通常采用激光光束通过机械的或者电子的方法与条码符号产生相对运动,实现扫描过程。光束是可以移动的,所以识读设备可以固定移动条码进行识读。

线性图像式识读设备。其扫描是通过 LED 的阵列或其他光源采集到条码符号的图像,并聚集到可以进行电子采样的 CCD 或 CMOS 中。具有一个双轴识读示意图的线性图像式识读设备可用线性的 CCD 或 CMOS 阵列。

图 5-17 给出了双轴识读设备的识读原理图。

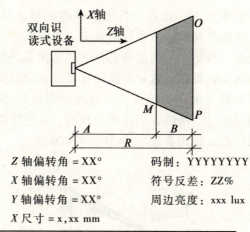

Z 轴偏转角 = XX°　　　　　码制：YYYYYYY

X 轴偏转角 = XX°　　　　　符号反差：ZZ%

Y 轴偏转角 = XX°　　　　　周边亮度：xxx lux

X 尺寸 = x,xx mm

双轴识读式识读设备	
参　数	含　义
A	最小识读距离
B	识读景深
R	最大识读距离
$MNOP$	识读区域

图 5-17　双轴识读式设备的识读原理图

3）三轴识读式识读设备

该类型中，所有的识读设备都带有一个在多平面内可以有效扫描（光线扫描或者电子扫描）的识读光束，可以有多条扫描线通过字符，扫描位置可以在三个轴线方向上移动。在一些情况下，字符相对于识读设备的位置可以改变。图 5-18 给出了三轴识读式识读设备的原理图。图 5-19 给出了三轴图像式识读设备的识读示意图。

三轴识读式识读设备举例如下：

光栅识读设备。识读设备的扫描线是可动的，在识读设备上安装一个附加的摆动式镜片或者一个旋转式镜片就可以实现三方扫描，取代平面扫描。

全向识读设备。这种识读设备产生一种特殊的扫描光束，该光束可以以不同的角度（不同角度的或者具有复杂外形的一系列的光面）对扫描区进行扫描，实现沿 X 轴偏转角任意方向旋转的字符扫描。

多窗口式识读设备。这是在多个平面上带有两个或者多个识读终点的全向识读设备。该识读设备可以对某一条的多个方向进行连续扫描。这种识读设备的性能检测是对单一的识读终点独立地进行的,所需的检测设备和安装说明在相关的标准中给出,设备的性能不可能完整地反映出来。在本标准中,只定义了具有选择性的检测参数的含义。如图5-20所示。

全息识读设备。这是一种使用全息光学单元在多个焦平面上发射或者聚焦扫描光束的全向识读设备。这种识读设备可以增大识读景深。

区域排列或双轴图像式识读设备。这些是与线性图像式装置相对而言的,图像的采集是通过二维的像素阵列实现的,采用图像处理技术获取条码符号的电子图像信息。使用典型的CCD或CMOS。

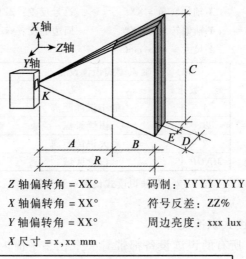

Z 轴偏转角 = XX°   码制:YYYYYYY

X 轴偏转角 = XX°   符号反差:ZZ%

Y 轴偏转角 = XX°   周边亮度:xxx lux

X 尺寸 = x,xx mm

三轴识读式识读设备	
参 数	含 义
A	最小识读距离
B	景深
R	最大识读距离
E	光栅间距
D	光栅宽度
C	扫描高度
BCD	识读区域

图5-18 三轴识读式识读设备的识读原理图

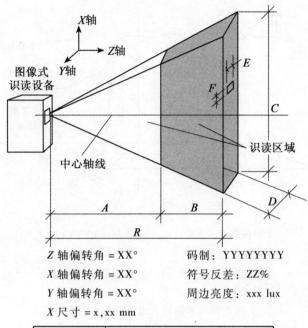

参 数	含 义
A	最小识读距离
B	景深
R	最大识读距离
E	像素在 Y 轴的距离
F	像素在 X 轴的距离
C	识读高度
D	识读宽度
BCD	识读区域

图 5-19 三轴图像式识读设备的识读示意图

3. 其他分类方式

按识读类型主要可分为手动识读式识读设备、红光识读式识读设备、振动电镜识读式识读设备、旋转电镜识读式识读设备。

按照识读方式可分为接触式识读设备和非接触式识读设备。

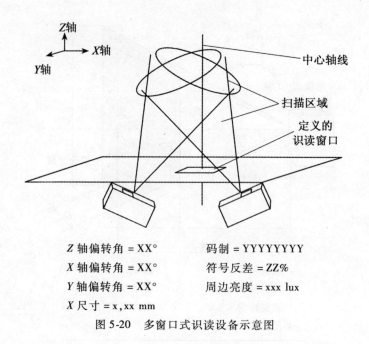

图 5-20 多窗口式识读设备示意图

接触式识读设备是指与条码符号产生物理接触或近距离接触的条码识读设备;非接触式识读设备是指不需要与条码符号进行物理接触就可以进行条码识读的识读设备。

按触发方式可分为按键式触发识读设备、感应式触发识读设备、组合触发式识读设备。

按通信方式可分为有线通信识读设备、无线通信识读设备、批处理方式识读设备。

按识读距离可分为普通识读距离识读设备、长距离或超长距离识读设备。

按应用类型可分为普通应用识读设备、工业或其他恶劣环境应用识读设备。

5.2 常用识读设备

5.2.1 激光枪

激光枪属于手持式自动扫描的激光扫描器。

激光扫描器是一种远距离条码识读设备,其性能优越,因而被广泛使用。激光扫描器的扫描方式有单线扫描、光栅栏式扫描和全角度扫描三种方式。激光手持式扫描器属单线扫描,其景深较大,扫描首读率和精度较高,扫描宽度不受设备开口宽度的限制;卧式激光扫描器为全角扫描器,其操作方便,操作者可双手对物品进行操作,只要条码符号面向扫描器,不管其方向如何,均能实现自动扫描,超市大多采用这种设备。

现阶段主要有激光扫描技术和光学成像数字化技术。激光扫描技术的基本原理是:先由机具产生一束激光(通常由半导体激光二极管产生),再由转镜将固定方向的激光光束形成激光扫描线(类似电视机的电子枪扫描),激光扫描线扫描到条码上再反射回机具,由机具内部的光敏器件转换成电信号,其原理如图 5-21 所示。

激光式扫描头的工作流程见图 5-22。

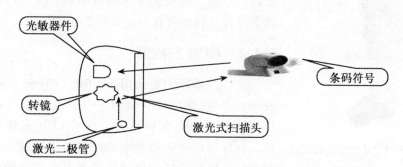

图 5-21 激光式扫描头的工作原理

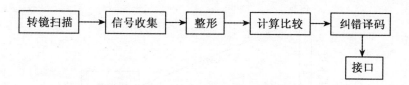

图 5-22 激光式扫描头的工作流程

利用激光扫描技术的优点是:识读距离适应能力强,且具有穿透保护膜识读的能力,识读的精度和速度比较容易做得高些;缺点是:对识读的角度要求比较严格,而且只能识读堆叠式二维码(如 PDF417 码)和一维码。

激光枪的扫描动作通过转动或振动多变形棱镜等光装置实现。这种扫描器的外形结构类似于手枪,如图 5-23 所示。手持激光枪扫描器比激光扫平台具有方便灵活、不受场地限制的特点，适用于扫描体积较小的首读率不是很高的物品。此外，它还具有接口灵活、应用广泛的特点。手持激光扫描器是新一代的商用激光条码扫描器，扫描线清晰可见，扫描速度快，一般扫描频率大约每秒 40 次，有的可达到每秒 44 次。有的还可选具有自动感应功能的智能支架，可灵活使用于各种应用环境。

这种扫描器的主要特点是识读距离长，通常它们的扫描区域能在 1 英尺以外。有些超长距离的扫描器，其扫描距离甚至可以达到 10 英尺。目前，新型的 CCD 扫描器也可以达到一般的激光扫描器所能够达到的识读距离。

在室外阳光直射条件下，有的扫描器可以通过编程延迟激光点的扫描，以便人们用激光点对准待扫描的条码符号。这种扫描器的不足之处是：条码符号的长度受光学系统的限制，并与扫描器到条码符号的距离有关，如图 5-24 所示。

5.2.2 CCD 扫描器

这种扫描器主要采用了 CCD（charge coupled device）——电荷耦合装置。CCD 元件是一种电子自动扫描的光电转换器，也叫 CCD 图像感应器。它可以代替移动光束的扫描运动机构，不需要增加任何运动机构便可以实现对条码符号的自

图 5-23　手持激光扫描器

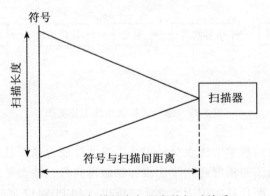

图 5-24　扫描长度与距离的相对关系

动扫描。CCD 扫描器有两种类型，一种是手持式 CCD 扫描器，另一种是固

定式 CCD 扫描器。这两种扫描器均属于非接触式，只是形状和操作方式不同，其扫描机理和主要元器件完全相同，如图 5-25 所示。扫描景深和操作距离取决于照射光源的强度和成像镜头的焦距。

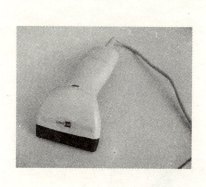 

(a) 手持式　　　　　　　　　　　　　　(b) 固定式

图 5-25　CCD 扫描器的两种类型

CCD 元件是一种采用半导体器件技术制造的。通常选用具有电荷耦合性能的光电二极管和 CMOS 电容制成。可将光电二极管排列成一维的线阵和二维的面阵。用于扫描条码符号的 CCD 扫描器通常选用一维的线阵，而用于平面图像扫描的通常选用二维的面阵（也可选用一维的线阵）。一维 CCD 的构成如图 5-26 所示。在图 5-26 中，条码符号将光路成像在 CCD 感光器件阵列（光电二极管阵）上，由于条和空的反光强度不同，印在感光器件上，产生的电信号强度也不同，通过扫描电路，把相应的电信号经过放大、整形输出，最后形成与条码符号信息对应的电信号。为了保证一定的分辨率，光电元件的排列密度要保证条码符号中最窄的元素至少应被 2~3 个光电元件所覆盖，而排列长度应能够覆盖整个条码符号的像。常见的阵列数有 1024、2048、4096 等。CCD 线性图像识读器如图 5-27 所示。

CCD 扫描器是利用光电耦合原理对条码印刷图案进行成像，然后再译码。它的特点是无任何机械运动部件，性能可靠，寿命长，按元件排列的节距或总长计算，可以进行测长；价格比激光枪便宜，可测条码的长度受限制，景深小。

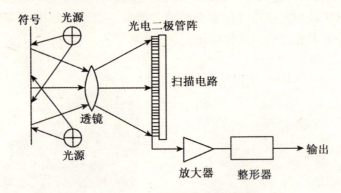

图 5-26 CCD 扫描器的工作原理

图 5-27 CCD 图像识读器

1. 选择 CCD 扫描器的两个参数

1）景深。由于 CCD 的成像原理类似于照相机，如果要加大景深，则相应地要加大透镜，从而使 CCD 体积过大，不便操作。优秀的 CCD 应无需紧贴条码即可识读，而且体积适中，操作舒适。

2）分辨率。如果要提高 CCD 的分辨率，必须增加成像处光敏元件的单位元素。低价 CCD 一般是 512 像素（Pixel），识读 EAN、UPC 等商业条码已经足够，对于别的码制识读就会困难一些。中档 CCD 以 1024Pixel 为多，有些甚至达到 2048Pixel，能分辨最窄单位元素为 0.1mm 的条码。

2. CCD 扫描器的优缺点

CCD 式识读设备的主要优点是：与其他识读设备相比，CCD 识读设备的价格较便宜，同样，识读条码的密度广泛，容易使用。它的重量比激光识读设备轻，而且不像光笔一样只能接触识读。

CCD 式识读设备的主要缺点是：CCD 识读设备的局限在于它的识读景深和识读宽度，在需要识读印在弧形表面的条码（如饮料罐）时会有困难；在一些需要远距离识读的场合，如仓库领域，也不是很适合；CCD 的防摔性能较差，因此产生的故障率较高；在所要识读的条码比较宽时，CCD 也不是很好的选择，信息很长或密度很低的条码很容易超出窗口的识读范围，导致条码不可读；而且某些采取多个 LED 的条码识读设备中，任意一个的 LED 故障都会导致不能识读。

5.2.3 光笔与卡槽式识读器

光笔和大多数卡槽条码识读器都采用手动扫描的方式。手动扫描比较简单，扫描器内部不带有扫描装置，发射的照明光束的位置相对于扫描器固定，完成扫描过程需要手持扫描器通过条码符号。这种扫描器就属于固定光束扫描器。

1. 光笔

光笔是最先出现的一种手持接触式条码识读设备，它也是最为经济的一种条码识读设备。使用光笔进行条码识读时，操作者需将光笔接触到条码表面，通过光笔的镜头发出一个很小的光点，当这个光点从左到右划过条码时，在"空"部分，光线被反射；在"条"部分，光线将被吸收，因此，在光笔内部产生一个变化的电压，这个电压通过放大、整形后用于译码。

光笔属于接触式、固定光束扫描器。在其笔尖附近，含有发光二极管 LED 作为照明光源，并含有光电探测器。在选择光笔时，要根据应用中的条码符号正确选择光笔的孔径（分辨率），分辨率高的光笔的光点尺寸能达到 4 mil（0.1mm），6mil 属于高分辨率，10 mil 属于低分辨率。一般光笔的光点尺寸在 0.2mm 左右。

选择光笔分辨率时，有一个经验的计算方法：条码最小单元尺寸 X 的密尔数乘以 0.7，然后进位取整，该密尔数就是使用的光笔孔径的大小。例如，$x = 10$ mil，那么就应该选择孔径在 7mil 左右的光笔。

光笔的耗电量非常低，这一点它比较适用于和电池驱动的手持数据采集终端相连。

光笔的光源有红光和红外光两种，红外光笔擅长于识读被油污弄脏的条码符号。光笔的笔尖容易磨损，一般用蓝宝石笔头，不过，光笔的笔头可以更换。

以前，光笔扫描器和译码器是分开的，最近几年，制造商开始将译码器集成在光笔的内部。

光笔式识读设备的优点主要是：与条码接触识读，能够明确哪一个是被识读的条码；识读条码的长度可以不受限制；与其他的识读设备相比，成本较低；内部没有活动部件，比较坚固；体积小，重量轻。

光笔式识读设备的缺点主要是：使用光笔会受到各种限制，如在有一些场合不适合接触识读条码；另外，只有在比较平坦的表面上识读指定密度的、打印质量较好的条码时，光笔才能发挥它的作用，而且操作人员需要经过一定的训练才能使用，如识读速度、识读角度以及使用的压力不当都会影响它的识读性能；最后，因为它必须接触识读，当条码在因保存不当而产生损坏，或者上面有一层保护膜时，光笔都不能使用。

2. 卡槽式扫描器

卡槽式扫描器属于固定光束扫描器，其内部结构和光笔类似，它上面有一个槽，手持带有条码符号的卡从槽中滑过实现扫描。这种识读广泛用于时间管理以及考勤系统。它经常和带有液晶显示和数字键盘的终端集成于一体。

5.2.4 全向扫描平台

全向扫描平台（见图 5-28）属于全向激光扫描器。全向扫描指的是标准尺寸的商品条码以任何方向通过扫描器的区域都会被扫描器的某个或某两个扫描线扫过整个条码符号。一般全向扫描器的扫描线方向为 3~5 个，每个方向上的扫描线为 4 个左右，这方面的具体指标取决于扫描器的具体设计。

这种扫描器一般用于商业超市的收款台，全向扫描器一般有 3~5 个扫描方向，扫描线数一般为 20 左右，它们有些安装在柜台下面，有的可以安装在柜台侧面。

这类设备的高端产品为全息式激光扫描器，它用高速旋转的全息盘代替了棱镜状多边转镜扫描。有的扫描线能达到 100 条，扫描的对焦面达到 5 个，每个对焦面含有 20 条扫描线，扫描速度可以高达 8000 线/s，特别适用于传送带上识读不同距离、不同方向的条码符号。这种类型的扫描器对传送带的最大速度要求小的有 0.5m/s，高的有 4m/s。

5.2.5 条码识读器的选择原则

不同的应用场合对识读设备有着不同的要求，用户必须综合考虑，以达

图 5-28　全向扫描平台

到最佳的应用效果。在选择识读设备时，应考虑以下几个方面。

1. 与条码符号相匹配

条码扫描器的识读对象是条码符号，所以在条码符号的密度、尺寸等已确定的应用系统中，必须考虑扫描器与条码符号的匹配问题。如对于高密度条码符号，必须选择高分辨率的扫描器。当条码符号的长度尺寸较大时，必须考虑扫描器的最大扫描尺寸，否则可能出现无法识读的现象。当条码符号的高度与长度尺寸比值小时，最好不选用光笔，以避免人工扫描的困难。如果条码符号是彩色的，一定得考虑扫描器的光源，最好选用波长为 633nm 的红光，否则可能出现对比度不足的问题而给识读带来困难。

2. 首读率

首读率是条码应用系统的一个综合指标，要提高首读率，除了提高条码符号的质量外，还要考虑扫描设备的扫描方式等因素。当手动操作时，首读率并非特别重要，因为重复扫描会补偿首读率低的缺点。但对于一些无人操作的应用环境，要求首读率为 100%，否则会出现数据丢失的现象。为此，最好是选择移动光束式扫描器，以便在短时间内有几次扫描机会。

3. 分辨率

对于条形码扫描系统而言，分辨率为正确检测读入的最窄条符的宽度，英文是 Minimal Bar Width（缩写为 MBW）。选择设备时，并不是设备的分辨率越高越好，而是应根据具体应用中使用的条码密度来选取具有相应分辨率的识读设备。使用中，如果所选设备的分辨率过高，则条码符号上的污点、脱墨等对系统的影响将更为严重。

4. 扫描景深

扫描景深指的是在确保可靠识读的前提下，扫描头允许离开条码表面的最远距离与扫描器可以接近条码表面的最近点距离之差，也就是条码扫描器的有效工作范围。有的条码扫描设备在技术指标中未给出扫描景深指标，而是给出扫描距离，即扫描头允许离开条码表面的最短距离。

5. 工作空间

不同的应用系统都有特定的工作空间，所以对扫描器的工作距离及扫描景深有不同的要求。对于一些日常办公条码应用系统，对工作距离及扫描景深的要求不高，选用光笔、CCD 扫描器这两种较小扫描景深和工作距离的设备即可满足要求。对于一些仓库、储运系统，大都要求离开一段距离扫描条码符号，所以要求扫描器的工作距离较大，要选择有一定工作距离的扫描器如激光枪等。对于某些扫描距离变化的场合，则需要扫描景深大的扫描设备。

6. 接口要求

应用系统的开发首先是确定硬件系统环境，而后才涉及条码识读器的选择问题，这就要求所选识读器的接口要符合该系统的整体要求。通用条码识读器的接口方式有串行通信口和键盘口两种。

7. 性价比

条码识读器由于品牌不同，功能不同，其价格也存在着很大的差别，因此，我们在选择识读器时，一定要注意产品的性能价格比，应本着满足应用系统的要求且价格较低的原则选购。

扫描设备的选择不能只考虑单一指标，而应根据实际情况全面考虑。

5.2.6 条码识读器使用中的常见问题

条码识读器不能读取条码，常见的原因有以下几种：

（1）没有打开识读这种条码的功能。

（2）条码符号不符合规范。如空白区尺寸过小、条和空的对比度过低、条和空的宽窄比例不合适等。

（3）工作环境光线太强，感光器件进入饱和区。

（4）条码表面覆盖有透明材料，反光度太高，虽然眼睛可以看到条码，但是条码识读器的识读条件严格，不能识读。

（5）硬件故障。

5.3 数据采集器

5.3.1 概述

把条码识读器和具有数据存储、处理、通信传输功能的手持数据终端设备结合在一起,成为条码数据采集器,简称数据采集器,当人们强调数据处理功能时,往往简称为数据终端。它具备实时采集、自动存储、即时显示、即时反馈、自动处理、自动传输功能。它比条码扫描器多了自动处理、自动传输的功能。普通的扫描设备扫描条码后,经过接口电路直接将数据传送给PC机,数据采集器扫描条码后,先将数据存储起来,根据需要再经过接口电路批处理数据,也可以通过无线局域网或GPRS或广域网相联,实时传送和处理数据。数据采集器按处理方式分为两类:在线式数据采集器和批处理式数据采集器。数据采集器按产品性能分为手持终端、无线型手持终端、无线掌上电脑、无线网络设备。见图5-29。

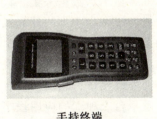

手持终端

无线网络终端

无线型手持终端

无线掌上电脑

图5-29 数据采集器的四种类型

使用数据采集器时,要考虑到其环境性能的要求。首先,由于数据采集器大多在室外使用，周围的湿度、温度等环境因素对手持终端的操作影响比较大。特别是液晶屏幕、RAM 芯片等关键部件，低温、高温特性都受限制，因此，手持终端产品应针对这项指标进行严格的测试，给用户以可靠的操作性能。另外，作业环境比较恶劣，要求手持终端产品要经过严格的防水测试。能经受饮料的泼溅、雨水的浇淋等常见情况都应该是用户选择产品时应该考虑的因素。再次，抗震、抗摔性能也是手持终端产品另一项操作性能指标。作为便携使用的数据采集产品，操作者无意间的失手跌落是难免的，因而手持终端要具备一定的抗震、抗摔性。目前，大多数产品能够满足 1m 以上的跌落高度。

5.3.2 便携式数据采集器

1. 概述

便携式数据采集器也称为便携式数据采集终端（portable data terminal，PDT）或手持终端（hand-hold terminal，HT），它是为适应一些现场数据采集和扫描笨重物体的条码符号而设计的，适合于脱机使用的场合。识读时，与在线式数据采集器相反，它是将扫描器带到物体的条码符号前扫描。

便携式数据采集器是集激光扫描、汉字显示、数据采集、数据处理、数据通讯等功能于一体的高科技产品，它相当于一台小型的计算机，将电脑技术与条码技术完美结合，利用物品上的条码作为信息快速采集手段。简单地说，它兼具了掌上电脑、条码扫描器的功能。硬件上具有计算机设备的基本配置：CPU、内存、依靠电池供电、各种外设接口，软件上具有计算机运行的基本要求：操作系统、可以编程的开发平台、独立的应用程序。它可以将电脑网络的部分程序和数据下传至手持终端，并可以脱离电脑网络系统独立地进行某项工作。其基本工作原理是：首先按照用户的应用要求，将应用程序在计算机编制后下载到便携式数据采集器中。便携式数据采集器中的基本数据信息必须通过 PC 的数据库获得，而存储的操作结果也必须及时地导入到数据库中。手持终端作为电脑网络系统的功能延伸，满足了日常工作中人们各种信息移动采集、处理的任务要求。

从完成的工作内容上看，便携式数据采集器又分为数据采集型、数据管理型两种。数据采集型的产品主要应用于供应链管理的各个环节，快速采集物流的条码数据，在采集器上作简单的数据存储、计算等处理，然后将数据传输给计算机系统。此类型的设备一般面对素质较低的操作人员，操作简单、容易维护、坚固耐用是此类设备主要考虑的因素。为达到如上目的，此类的设备基本采用类 DOS 操作系统。数据管理型的产品主要用于数据采集量相对较小、数据处理要求较高（通常情况下包含数据库的各种功能），此类设备主要考虑采集条码数据后能够全面地分析数据，并得出各种分析、统计的结果。为达到上述功能，通常采用 WinCE / Palm 环境的操作系统，里面可以内置小型数据库。但是此类设备由于操作系统比较复杂，对操作员的基本素质要求比较高。

2. 便携式数据采集器的硬件特点

便携式数据采集器的性能在更多层面取决于其本身的数据计算、处理能力，这恰恰是计算机产品的基本要求。下面根据不同类型详细介绍数据采集器的产品硬件特点。

1）数据采集型设备

CPU 处理器。随着数字电路技术的发展，数据采集器大多采用 32 位 CPU（中央微处理器）。CPU 的位数、主频等指标的提高，使得数据采集器的数据处理能力、处理速度要求越来越高。

手持终端内存。目前，大多数产品采用 FLASH-ROM + RAM 型内存。操作系统/BIOS 内置在系统的 F-ROM 区，同时，用户的应用程序、字库文件等重要的文件也存储在 FLASH -ROM 里面，即使长期不供电也能够保持。采集的数据存储在 RAM 里面，依靠电池、后备电池保持数据。由于 RAM 的读写速度较快，使得操作的速度能够得到保证。手持终端内存容量的大小决定了一次能处理的数据容量，但是也与 CPU 的处理速度相关。在一定的处理器速度下，盲目提高其内存容量，只能是增加用户使用时的处理、等待时间。

功耗。包括条码扫描设备的功耗、显示屏的功耗、CPU 的功耗等，由电池支持工作。

CPU 的功耗对手持终端的运行稳定性有很大影响。CPU 在高速处理数据时会产生热量。手持数据采集终端的体积小巧、密封性好等制造特点决定了其内部热量不易散发，因而要求其 CPU 的功耗要比较低。

整机功耗。数据采集器在使用中采用普通电池、充电电池两种方式。但是如果长时间在户外进行工作、无法回到单位进行充电的应用场合；充电电池就明显受到限制。对于低档的数据采集器，若采用一般 AA 碱性电池只能使用十几个小时左右。而一些高档手持终端，由于其整机功耗非常低，采用两节普通的 AA 碱性电池可以连续工作 100 小时以上。且由于其低耗电量、电池特性好等特点，当电池电量不足时，机器仍可工作一段时间，不须马上更换电池。这个特性为用户在使用手持终端时提供了非常好的操作性能。

输入设备。包括条码扫描输入、键盘输入两种方式。条码输入又根据扫描原理的不同分为 CCD \ LASER（激光）\ CMOS 等。目前，常用的是激光条码扫描设备，具有扫描速度快、操作方便等优点。但是第三代的 CMOS 扫描输入产品具有成像功能，不仅能够识读一维、二维条码，还能够识读各种图像信息，键盘输入包括标准的字母、英文、符号等，同时都具有功能快捷键，有些数据采集器产品还具有触摸屏，可使用手写识别输入等功能。对于输入方式的选择应该充分考虑到不同应用领域具有不同的要求。

显示输出。目前的数据采集器大多具备大屏液晶显示屏，能够显示中、英文、图形等各种用户信息，有背光支持，即使在夜间也能够操作，同时在显示精度、屏幕的工业性能上都有较严格的要求。

与计算机系统的通讯能力。手持终端采集的数据及处理结果要与计算机系统交换信息，因此要求手持终端有很强的通信能力。目前，高档的便携式数据采集器都具有串口、红外线通信口等几种方式。如采用串口线传输数据，反复的插拔会造成设备的损坏。而采用红外通信的方式传输数据，不须任何插拔部件，降低了出现故障的可能性，提高了产品的使用寿命。

外围设备驱动能力。利用数据采集器的串口、红外口可以连接各种标准串口设备，或者通过串-并转换可以连接各种并口设备，包括串并口打印机、调制解调器等，实现电脑的各种功能。

2）数据管理型设备

数据管理型设备是在 Pocket PCs 技术上构建的，大多采用 WinCE/Palm 类操作系统，同时在各项性能指标上针对工业使用要求进行了增强，以满足更加恶劣复杂的环境要求。由于系统结构复杂，相比数据采集型设备，数据管理型设备需要的硬件指标也较高。CPU 处理器的主频要求更高，内存基本由系统内存、用户存储内存组成，容量较大；功耗更高；有更多形式的接口插槽；具备大屏液晶彩色显示屏驱动能力，为用户的操作提供更好的人性化界面；通过各种插卡与用户的应用系统之间实现柔性的通信接口能力。

3. 用户选择的基本原则

1）适用范围

根据自身的不同情况，应当选择不同的便携式数据采集器。如应用在比较大型的、立体式仓库，由于有些商品的存放位置较高，离操作人员较远，我们就应当选择扫描景深大、读取距离远，且首读率较高的采集器。而对于中小型仓库，在此方面的要求不是很高，可选择一些功能齐备、便于操作的采集器。对于用户来说，便携式数据采集器的选择最重要的一点是"够用"，而不要盲目购买价格贵、功能强的采集系统。

2）译码范围

译码范围是选择便携式数据采集器的又一个重要指标。一般情况下，采集器都可以识别几种或十几种不同码制，但种类有很大差别，因此，用户在购买时，要充分考虑到自己实际应用中的编码范围来选取合适的采集器。

3）接口要求

采集器的接口能力是评价其功能的一个重要指标，也是选择采集器时重点考虑的内容。用户在购买时，要首先明确自己原系统的环境，再选择适应该环境和接口方式的采集器。

4）对首读率的要求

首读率是数据采集器的一个综合性指标，它与条码符号的印刷质量、译码器的设计和扫描器的性能均有一定关系。首读率越高，其价格也必然高。在商品的库存（盘点）中，可采用便携式数据采集器，由人工来控制条码符号的重复扫描，对首读率的要求并不严格，它只是工作效率的量度而已。但在自动分捡系统中，对首读率的要求就很高。当然，便携式数据采集器的首读率越高，必然导致它的误码率提高，所以用户在选择采集器时，要根据自己的实际情况和经济能力来购买符合系统需求的采集器，在首读率和误码率两者间进行平衡。

5）价格

选择便携式数据采集器时，其价格也是应该关心的一个问题。便携式数据采集器由于其配置不同、功能不同，价格也会产生很大差异。因此在购买采集器时，要注意产品的性能价格比，以满足应用系统的要求，且价格较低者为选购对象，真正做到"物美价廉"。

5.3.3 无线数据采集器

1. 概述

无线数据采集器除了具有一般便携式数据采集器的优点外，还有在线式数据采集器的优点，它与计算机的通信是通过无线电波来实现的，可以把现场采集到的数据实时传输给计算机。相比普通便携式数据采集器，又更进一步地提高了操作员的工作效率，使数据从原来的本机校验、保存转变为远程控制，实时传输。

无线式数据采集器之所以称之为无线，就是因为它不需要像普通便携式数据采集器那样依靠通信座和 PC 进行数据交换，而可以直接通过无线网络和 PC、服务器进行实时数据通信。要使用无线手持终端，就必须先建立无线网络。无线网络设备——登录点（access point），相当于一个连接有线局域网和无线网的网桥，它通过双绞线或同轴电缆接入有线网络（以太网或令牌网），无线手持终端则通过与 AP 的无线通信和局域网的服务器进行数据交换。

无线数据采集器通信数据实时性强，效率高，它直接和服务器进行数据交换，数据都是以实时方式传输。数据从无线数据采集器发出，通过无线网络到达当前无线终端所在频道的 AP，AP 通过连接的双绞线或同轴电缆将数据传入有线 LAN 网，最后到达服务器的网卡端口后进入服务器，然后，服务器将返回的数据通过原路径返回到无线终端。所有数据都以 TCP/IP 通信协议传输。可以看出，操作员在无线数据采集器上，所有操作后的数据都在第一时间进入后台数据库，也就是说，无线数据采集器将数据库信息系统延伸到每一个操作员的手中。

2. 无线数据采集器的产品硬件技术特点

无线数据采集器的产品硬件技术特点与便携式的要求一致，包括 CPU、内存、屏幕显示、输入设备、输出设备等。此外，比较关键的就是无线通信机制。根据目前国际标准的 802.11 通信协议，分为无线跳频技术、无线直频技术两种，这两种技术各有优缺点。但随着无线技术的进一步发展，802.11b 由于可以达到 11M/s 的通信速率而被无线局域办公网络采用进行各种图形、海量数据的传输，进而成为下一代的标准。因此，无线便携数据采集器也采用了 802.11b 的直频技术。每个无线数据采集器都是一个自带 IP 地址的网络节点，通过无线的登录点（AP）实现与网络系统的实时数据交换。无线数据终端在无线 LAN 网中相当于一个无线网络节点，它的所有数据都必须通过无线网络与服务器进行交换，如图 5-30 所示。

无线数据采集器与计算机系统的连接基本上采用四种方式。

1）终端仿真（Telnet）连接

在这种方式下，无线数据采集器本身不需要开发应用程序，只是通过 Telnet 服务登录到应用服务器上，远程运行服务器上面的程序。在这种方式下工作，由于大量的终端仿真控制数据流在无线采集器和服务器之间交换，通信的效率相对会低一些。但由于在数据采集器上无需开发应用程序，在系统更新升级方面会相对简单、容易。终端仿真固然有其优势，但由于大量数据在数据终端和服务器之间进行传输，如果数据终端数量较多，会使网络负

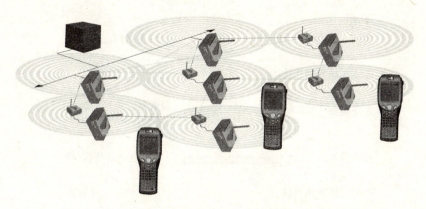

图 5-30 无线数据采集器与计算机系统的连接

载增加,数据传输效率降低。

2) 传统的 Client/Server（C/S）结构

这种方式的系统也分为客户端——无线数据终端、服务端——数据交换服务器。这种情况下,客户端和服务端都需要开发相应的程序,但这两端的程序并不是完全独立的,由于数据实时交互传输,同时可能有多台数据终端与服务端进行数据传输,这时,服务端必须知道每个数据终端发出的具体作业请求,这就需要建立一个客户端和服务端之间的消息互通约定表,这样,服务端才能在多线程数据处理过程中应对自如。客户端和服务端的数据交互过程如图 5-31 所示。

从整个过程来看,服务端数据处理的多线程能力是整个系统能否正常运行的关键所在,很多系统往往是由于服务端处理能力的欠缺造成客户端无法及时将数据传输到数据库中或从数据库中获取数据。服务端并发处理能力可通过程序员本身对服务端程序的优化达到多线程处理的能力。另一种是通过多启动几个服务端来处理数据,所以上述提到的数据交换服务器并不一定是数据库所在的服务器,它可以是任何一台联网的 PC,只要无线数据终端指向该台数据交换服务器,而该数据交换服务器又同时对数据库进行操作就可以了,所以用多个数据交换服务器同时对同一数据库进行操作,也同样使整个系统的数据处理能力得到了提升。将无线数据采集器作为系统的 Client 端,采集器上面根据用户的应用流程要求进行程序的开发。开发平台与便携式一样,根据不同产品有所不同。在这种方式下工作,数据采集器与通信服务器之间只需要交换采集的数据信息即可,数据量小,通信的效率相应较

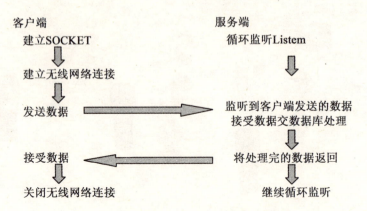

图 5-31 客户端和服务端的数据交互过程

高。但是像便携式数据采集器一样,每台无线数据采集器都要安装应用程序,对于后期的应用升级显得较麻烦。

3) Browse/Server (B/S) 结构

在无线数据采集器上面内嵌浏览器,通过 HTTP 协议与应用服务器进行数据交换。目前这种方式在 PC 上运用比较多,但在无线数据终端上还很少应用,它必须使用浏览器,通过 HTTP 协议与服务器进行数据交换。这种方式对无线数据采集器的系统要求较高,基于 WinCE 平台下面有内置的浏览器支持。

4) 多种系统共存

在实际使用过程中,可能会出现多种无线应用系统共存的情况,即有同一公司使用多个无线系统,也有不同公司使用不同的无线系统,那么这种情况下不同无线系统之间是否会相互干扰呢?其实只要通过简单的网络设置就完全可以使不同系统之间完全独立运行而互不干扰。主要有两种途径,一种是通过将不同无线网络的域名区分开,这适合于使用独立无线网络设备的不同公司之间;另一种是将不同系统的终端指向不同的服务器,这适合于同一公司使用两套或多套系统但只使用一个无线网络的情况。

在应用无线数据采集器时,具体采用何种方式进行,应该根据实际的应用情况而定。

5.3.4 数据采集器产品的软件功能

条码数据采集器的软件功能一般分为操作系统、应用软件两部分。操作系统目前没有统一的标准。由于数据采集器采用各个厂家独立开发生产的 CPU、主板等关键零部件，所以大多采用各自标准的 OS 操作系统。也有部分厂家推出了基于 PALM/WinCE 平台的操作系统，但是目前推出的此类产品是针对数据管理型的应用领域，对于传统供应链物流领域的数据采集还不是非常适用。同时，由于此类产品目前的功耗问题还比较高，而且对于普通的操作人员来讲，上面两种平台过于复杂，使用起来维护量较大，所以在物流供应链领域较少采用，大多应用在办公自动化领域。

应用软件根据用户的应用流程进行开发。对于数据采集器的应用而言，随着条码技术与 IT 技术更加广泛的结合，便携式数据采集器将得到广泛的应用，与行业应用结合得更加紧密，成为行业解决方案的一部分。

5.3.5 数据终端的程序功能

数据终端的应用程序一般分为两种，一种是厂商在数据终端出厂时就随机附带的应用程序，一般这种程序具有很强的通用性，但功能方面就显得简单，无法满足一些有特殊需求的用户；另一种是软件开发商根据用户的实际需要进行特定编制开发的，充分考虑了用户操作使用的方便性、灵活性、高效性和可靠性。数据终端程序的最大优势是减少人工操作中的差错和提高操作人员的工作效率，使原先需要人工输入和人工校验的过程转化为自动识别输入和自动数据核对、校验的过程。如单据校验、商品重复校验、数量校验、清晰的操作界面提示等。

第 6 章 GS1 系统与商品条码

6.1 GS1 系统

6.1.1 GS1 组织机构的形成与发展

条码起源于美国，条码技术的实际应用和发展是在 20 世纪 70 年代。1970 年，美国超级市场委员会制定了通用商品代码 UPC 码；1973 年，美国统一代码委员会（UCC）建立了 UPC 条码系统，并全面实现了该码制的标准化。UPC 条码在商业流通领域的成功应用极大地推动了条码的应用和普及。在 UCC 的影响下，1974 年，欧洲 12 国的制造商和销售商自愿组成了一个非盈利的机构，在 UPC 条码的基础上开发出了与 UPC 兼容的 EAN 条码，并于 1977 年正式成立了欧洲物品编码协会。随着成员的不断增多，欧洲物品编码协会于 1981 年更名为"国际物品编码协会"（EAN International），简称 EAN。从 1998 年开始，国际物品编码协会和美国统一代码委员会这两大组织联手，成为推行全球化标识和数据通信系统的唯一的国际组织，共同致力于全球统一标识系统 EAN·UCC 系统的推广。2002 年 11 月 26 日，UCC 和加拿大电子商务委员会（ECCC）正式加入国际物品编码协会，使 EAN·UCC 系统的全球统一性得到进一步的巩固和完善。为适应新形势的不断发展，2005 年 2 月，EAN 正式更名为 GS1（global standards 1），EAN·UCC 系统也正式更名为 GS1 系统。名称的变更意味着 GS1 已从单一的条码技术向更全面、更系统的技术领域发展，GS1 给全球范围商业标识的标准化带来了新的活力。目前，GS1 已有 104 个成员组织遍及世界 120 多个国家和地区，负责组织实施当地的 GS1 系统的推广应用工作。

经过三十多年的不断完善和发展，GS1 已拥有一套全球跨行业的产品、运输单元、资产、位置和服务的标识标准体系和信息交换标准体系，使产品在全世界都能够扫描和识读,其全球数据同步网络(GDSN)确保了全球贸易伙伴都能使用正确的产品信息。此外,GS1还通过电子产品代码(EPC)、射频识别(RFID)技术标准提供更高的供应链运营效率;GS1的可追溯解决方案帮助企业遵守国外食品安全法规,实现食品消费安全。总之,GS1正在通过一个全球系统来引领未来的商业发展。

6.1.2 GS1系统的内容

GS1系统是以全球统一的物品编码体系为核心,集条码、射频等自动数据采集、电子数据交换等技术系统于一体的服务于物流供应链的开放的标准体系。采用这套系统,可以实现信息流和实物流快速、准确的无缝链接。GS1系统主要包含三部分内容:编码体系、可自动识别的数据载体和电子数据交换标准协议,如图6-1所示。这三部分之间互相支持,紧密联系。编码体系是整个GS1系统的核心,它实现了对不同物品的唯一编码;数据载体是将供肉眼识读的编码转化为可供机器识读的载体,如条码符号等;然后通过自动数据采集技术及电子数据交换,以最少的人工介入实现自动化操作。

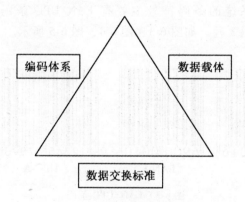

图6-1 GS1系统的组成

1. GS1系统的编码体系

GS1系统是一套全球统一的标准化编码体系。编码体系是GS1系统的核心,是对流通领域中所有的产品与服务,包括贸易项目、物流单元、资产、位置和服务关系等的标识代码及附加属性代码,如图6-2所示。附加属性代码不能脱离标识代码独立存在。

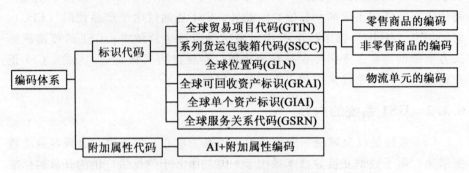

图 6-2　GS1 系统的编码体系

2. 数据载体

GS1 系统以条码符号、RFID 标签等可自动识别的载体承载编码信息，从而实现流通过程中的自动数据采集。

（1）条码符号

条码是目前 GS1 系统中的主要数据载体，是应用比较成熟的一种自动识别技术。GS1 系统的条码符号主要有 EAN/UPC 条码、ITF-14 条码和 UCC/EAN-128 条码 3 种。如图 6-3、图 6-4、图 6-5 所示。

图 6-3　EAN/UPC 条码

（2）射频标签（radio frequency identification，RFID）

与条码相比，射频标签（RFID 标签）是一种新兴的数据载体。射频识别系统利用 RFID 标签承载信息，RFID 标签和识读器间通过感应、无线电波或微波能量进行非接触双向通信，达到自动识别的目的。RFID 标签的优点是可非接触式识读；标签可重复使用，标签上的数据可反复修改（也有只读标签）；抗恶劣环境；保密性强。如采用超高频 RFID 标签，多个识别对象可被同时识别等。

包装指示符

图 6-4　ITF-14 条码

应用标识符

图 6-5　UCC/EAN-128 条码

3. 数据交换标准

GS1 系统的电子数据交换（electronic data interchange，EDI）标准采用统一的报文标准传送结构化数据，通过电子方式从一个计算机系统传送到另一计算机系统，使人工干预最小化。GS1 系统正是提供了全球一致性的信息标准结构，支持电子商务的应用。

EANCOM 是一套以 GS1 编码系统为基础的标准报文集。EANCOM 是 UN/EDIFACT（联合国有关行政、商业及交通运输的电子数据交换）标准信息的应用指引也是目前经过 GS1 组织简化而详细的导入指南。EANCOM 提供了清楚的定义及说明，不管是透过 VAN 或 Internet，EANCOM 让 EDI 导入更简单。目前，EANCOM 对 EDI 系统已经可以提供 47 种信息，且对每个数据域位都有清楚的定义和说明，这也让贸易伙伴之间得以用简易、正确、最有成本效率的方式作商业信息的交换。各种不同的信息主要是帮助在各个阶段达到各式各样商业上的需求。

GS1 的 ebXML 实施方案是根据 W3C XML 规范和 UN/CEFACT ebXML 的 UMM 方法学把商务流程和 ebXML 语法完美地结合在一起，制定了一套由实际商务应用驱动的 ebXML 整合标准，并用 GS1 系统针对 ebXML 标准实施建立的 GSMP 机制进行全球标准的制定和维护。

GS1 ebXML 实施方案的内容包括 GS1 的建模方法学、GS1 的核心组件方法学、GS1 的 XML 设计规则及 GS1 的 XML 传输架构。根据上述方法学，GS1 制定出了一系列的标准，包括 GS1 商业报文标准——GS1 系统使用 ebXML 进行电子商务文件交换的全球自愿性标准。标准规定了基于商务流程的电子报文中使用的核心项（贸易项目、参与方、订单、发送通知和支付请求）的内容及其关键属性的标识，制定了基于 ebXML 的 GS1 CPFR（协同计划、预测和补货）商业报文标准的总体规范——支持 B2B 全球 CPFR 业务过程使用的 ebXML 报文规范。

GS1 系统的 ebXML 实施方案既与国际主流 ebXML 标准技术规范协调一致，又来源于实际的商务流程，经过 GS1 的整合成为国际标准，被各国贸易伙伴在商务流程中广泛使用。

6.1.3 GS1 系统的特征

1. 系统性

GS1 系统拥有一套完整的编码体系，采用该系统对供应链各参与方、贸易项目、物流单元、资产、服务关系等进行编码，解决了供应链上信息编码不唯一的难题。这些标识代码是计算机系统信息查询的关键字，是信息共享的重要手段。同时，也为采用高效、可靠、低成本的自动识别和数据采集技术奠定了基础。

此外，其系统性还体现在它通过流通领域电子数据交换规范（EANCOM）进行信息交换。EANCOM 以 GS1 系统代码（GTIN、SSCC、GLN 等）为基础，是联合国 EDIFACT 的子集。这些代码及其他相关信息以 EDI 报文形式传输。EANCOM 在全球零售业有广泛的影响，并已扩展到金融和运输领域。

2. 科学性

GS1 系统对不同的编码对象采用不同的编码结构，并且这些编码结构间存在内在联系，因而具有整合性。

3. 全球统一性

GS1 系统广泛应用于全球流通领域，已经成为事实上的国际标准。

4. 可扩展性

GS1 系统是可持续发展的。随着信息技术的发展和应用，该系统也在不断的发展和完善。产品电子代码（EPC）就是该系统的新发展。

6.1.4 GS1 系统的应用领域

GS1 系统是全球统一的标识系统。它是通过对产品、货运单元、资产、位置与服务的唯一标识,对全球的多行业供应链进行有效管理的一套开放式的国际标准。GS1 系统是在商品条码基础上发展而来的,由标准的编码系统、应用标识符和相应的条码符号系统组成。该系统通过对产品和服务等全面的跟踪与描述,简化了电子商务过程,通过改善供应链管理和其他商务处理降低成本,为产品和服务增值。

GS1 系统目前有六大应用领域,分别是贸易项目的标识、物流单元的标识、资产的标识、位置的标识、服务关系的标识和特殊应用。随着用户需求的不断增加,GS1 系统的应用领域也将得到不断的扩大和发展。图 6-6 是 GS1 系统应用领域框图。

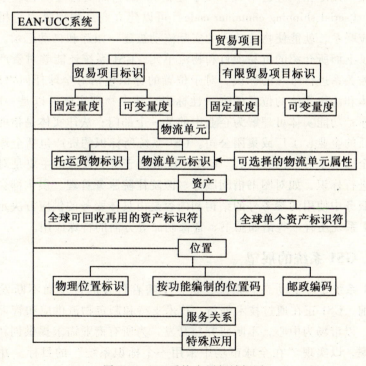

图 6-6 GS1 系统应用领域框图

通过这种系统化标识体系,可以在许多行业、部门、领域间实现物品编码的标准化，促进行业间信息的交流、共享，同时也为行业间的电子数据交换提供了通用的商业语言。

贸易项目是指一项产品或服务，对于这些产品或服务需要获取预先定义的信息，并且可以在供应链的任意节点进行标价、订购或开具发票，以便所有贸易伙伴进行交易。

相对于开放式的供应链大环境而言，诸如一个超市这样的独立环境就可以理解为闭环系统。销售者可利用店内码对闭环系统中的贸易项目进行标识。

贸易项目根据其生产形式的不同，可以分为定量贸易项目和变量贸易项目。定量贸易项目是以统一预先确定的形式（类型、尺寸、重量、成分、样式等）可以在供应链的任意节点进行销售。变量贸易项目是指在供应链节点上出售、订购或生产的产品，其度量方式可以连续改变的贸易项目。

物流单元是在供应链中为了便于运输和/或仓储而建立的包装单元。通过 SSCC（serial shipping container code）可以建立商品物理流动与相关信息间的对应联系，就能使物流单元的实际流动被逐一跟踪和自动记录。

除了上面所介绍的贸易项目和物流单元，GS1 系统还能够对资产、位置以及服务关系进行唯一的标识。对于位置的标识包括对全球任何物理实体、功能实体和法律实体的位置的唯一性标识，其中物理实体可以是一座工厂、一个仓库；功能实体可理解为企业中的某一个部门；法律实体是指能够承担法律责任的企业、工厂或集团公司。GS1 系统所标识的资产包括全球可回收资产和全球单个资产两种形式。GS1 系统应用于服务领域，主要是对服务的接受方进行标识，如对图书借阅服务、医院住院服务管理、俱乐部会员管理等。但服务中使用的参考号的结构和内容是由具体服务的供应方决定的。此外，GS1 系统还有一些诸如图书、音像制品等方面的特殊应用。

6.1.5 GS1 系统的展望

GS1 系统是一个动态的系统，是一个随着科技的进步而不断发展的系统。目前，GS1 正在通过技术创新、技术支持和制定物流供应和管理的多行业标准，以市场为中心，不断研究与开发，为所有商业需求提供创新有效的解决方案，以实现"在全球市场中采用一个标识系统"的目标。并且在射频识别、Databar（Rss）、复合码、XML、高容量数据载体数据语法以及全球运输项目、全球位置码信息网络、鲜活产品跟踪和国际互联产品电子目录等领域和项目中不断开发、扩展 GS1 系统的应用领域，迎接新经济和新技术所带来的挑战和变化。

在不久的将来，GS1必将成为一个能够提供无国界的、全面的自动数据采集和电子通信标准的全球组织；成为在信息通信技术和电子商务方面具有前瞻性的组织，为全球用户提供高质量的服务。

6.2 商品条码（GTIN）

6.2.1 商品条码的概述

商品条码是GS1系统的核心组成部分，是GS1系统发展的基础，也是商业最早应用的条码符号。它主要用于对零售商品、非零售商品及物流单元的条码标识。

零售商品是指在零售端通过POS扫描计算的商品。其条码标识由全球贸易项目代码（GTIN）及对应的条码符号组成。零售商品的条码标识主要采用EAN/UPC条码。一听啤酒、一瓶洗发水和一瓶护发素的组合包装都可以作为一项零售项目商品卖给最终消费者。

非零售商品是指不通过POS扫描结算的用于配送、仓储或批发的商品。其标识代码由全球贸易项目代码（GTIN）及其对应的条码符号组成。非零售商品的条码符号主要采用ITF-14条码或UCC/EAN-128条码，也可使用EAN/UPC条码。一个装有24条香烟的纸箱、一个装有40箱香烟的托盘都可以作为一个非零售商品进行批发、配送。

物流单元是为了便于运输或仓储而建立的临时性组合包装，在供应链中，需要对其进行个体的跟踪与管理。通过扫描每个物流单元上的条码标签，实现物流与相关信息流的链接，可追踪每个物流单元的实物移动。物流单元的编码采用系列货运包装箱代码（SSCC）。一箱有不同颜色和规格的12件裙子和20件夹克的组合包装、一个含有40箱饮料的托盘（每箱12盒装）都可以视为一个物流单元。

6.2.2 商品条码的管理与组织机构

1. 国际管理机构——国际物品编码协会（GS1）

GS1是商品条码的国际管理机构，目前拥有来自全球104个国家和地区的编码组织，120多万家用户通过国家（或地区）编码组织加入到GS1系统中来。商品条码采用分级管理、分段赋码的方式实现在全球的管理与维护。

GS1 的组织架构和管理模式如图 6-7 和图 6-8 所示。

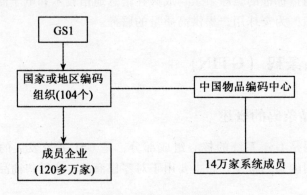

图 6-7 GS1 的组织架构

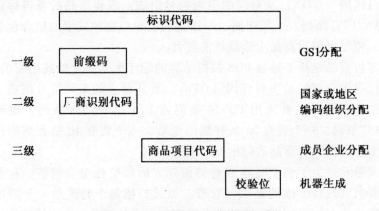

图 6-8 GS1 系统的全球管理与维护

2. 国内管理机构——中国物品编码中心

中国物品编码中心（article numbering center of China，ANCC，以下简称"中心"）是经国务院同意成立的统一组织、协调、管理全国物品编码工作的专门机构，成立于 1988 年 12 月，1991 年 4 月代表中国正式加入国际物品编码协会。目前在全国设有 46 个分支机构，负责商品条码在当地的推广应用工作。中国编码中心的主要职责是统一组织、协调、管理全国的条码、物品编码及标识工作；对口国际物品编码组织，履行国际物品编码协会职责；对我国的商品条码、物品编码进行统一管理、统一注册、统一赋码；按照国际通用规则，推广全球统一标识系统及相关技术。

6.3 零售商品上的条码

6.3.1 编码原则

1. 唯一性

唯一性原则是商品条码的基本原则，是指同一商品项目的商品应分配相同的标识代码，不同商品项目的商品必须分配不同的标识代码。基本特征相同的商品应视为同一商品项目。

商品的基本特征项是划分商品所属类别的关键因素，包括商品名称、商标、种类、规格、数量、包装类型等；不同行业的商品，其基本特征往往不尽相同；同一行业、不同的单个企业，可根据自身的管理需求设置不同的基本特征项。

2. 无含义性

无含义性原则是指商品标识代码中的每一位数不表示任何与商品有关的特定信息。有含义的编码通常会导致编码容量的损失。厂商在编制商品项目代码时，最好使用无含义的流水号。

对于一些商品，在流通过程中可能需要了解它的其他附加信息，如生产日期、有效期、批号及数量等，此时可采用应用标识符（AI）来满足附加信息的标注要求。应用标识符由 2~4 位数字组成，用于标识其后数据的含义和格式。

3. 稳定性

稳定性原则是指商品标识代码一旦分配，只要商品的基本特征没有发生变化，就应保持不变。同一商品项目，无论是长期连续生产，还是间断式生产，都必须采用相同的标识代码。即使该商品项目停止生产，其标识代码应至少在 4 年之内不能用于其他商品项目上。

4. 特殊情况下的编码原则

一般情况下，当商品项目的基本特征发生了明显的、重大的变化，就必须分配一个新的商品标识代码。不过，在某些行业，如医药保健业，只要产品的成分有较小的变化，就必须分配不同的代码。总之，原则上是尽可能地减少商品标识代码的变更，保持其稳定性。如果不清楚产品的变化是否需要变更代码，可以从以下几个角度考虑：

（1）产品的新变体是否取代原产品；
（2）产品的轻微变化对销售的影响是否明显；
（3）是否因促销活动而将产品做暂时性的变动；
（4）包装的总质量是否有变化。

下面针对集中情况对商品标识代码的变更和保留作进一步的解释。

1）产品变体的编码

"产品变体"是指制造商在产品使用期内对产品进行的任何变更。如果制造商决定产品的变体（如含不同的有效成分）与标准产品同时存在，那么就必须另分配一个单独且唯一的商品标识代码。

当产品的变化影响到产品的重量、尺寸、包装类型、产品名称、商标或产品说明时，必须另行分配一个商品标识代码。

产品的包装说明有可能使用不同的语言，如果想通过商品标识代码加以区分，则一种说明语言分别对应一个商品标识代码。也可以用相同的商品标识代码对其进行标识，但在这种情况下，制造商有责任将贴着不同语言标签的产品包装区分开来。

不需要分配不同的商品标识代码：使用不同的语言、标签图形进行重新设计，产品说明有小部分修改，但内容物不变或成分只有微小的变化。

2）组合包装的编码

如果商品是一个稳定的组合单元，其中每一部分都有其相应的商品标识代码。一旦任意一个组合单元的商品标识代码发生变化，或者组合单元的组合有所变化，都必须分配一个新的商品标识代码。

如果组合单元变化微小，其商品标识代码一般不变，但如果需要对商品实施有效的订货、营销或跟踪，那么就必须对其进行分类标识，另行分配商品标识代码。例如，针对某一特定地理区域的促销品、某一特定时期的促销品或用不同语言进行包装的促销品。

某一产品的新变体取代原产品，消费者已从变化中认为两者截然不同，这时就必须给新产品分配一个不同于原产品的商品标识代码。

3）促销品的编码

"促销品"是商品的一种暂时性的变动，并且商品的外观有明显的改变。这种变化是由供应商决定的，商品的最终用户从中获益。通常，促销变体和它的标准产品在市场中共同存在。

商品的促销变体如果影响产品的尺寸或重量，必须另行分配一个不同的、唯一的商品标识代码。如加量不加价的商品或附赠品的包装形态。

包装上明显地注明了减价的促销品必须另行分配一个唯一的商品标识代码。如包装上有"省2.5元的字样"。

针对时令的促销品要另行分配一个唯一的商品标识代码。如春节才有的糖果包装,其他的促销变体就不必另行分配商品标识代码。

4)商品标识代码的重新启用

厂商在重新启用商品标识代码时,应主要考虑以下两个因素:

(1)合理预测商品在供应链中流通的期限

按照国际惯例,一般来讲,不再生产的产品自厂商将最后一批商品发送之日起,至少4年内不能重新分配给其他商品项目。对于服装类商品,最低期限可为2年半。

(2)合理预测商品历史资料的保存期

即使商品已不在供应链中流通,由于要保存历史资料,需要在数据库中较长时期地保留它的商品标识代码,因此,在重新启用标识代码时,还需要考虑此因素。

6.3.2 零售商品代码的编制

1. EAN/UCC-13 的代码结构

EAN/UCC-13 代码由13位数字组成。不同国家(地区)的条码组织对13位代码的结构有不同的划分。在中国大陆,EAN/UCC-13 代码分为三种结构,每种代码结构由三部分组成,如表6-1所示。

表6-1　　　　　　EAN/UCC-13 的三种代码结构

结构种类	厂商识别代码	商品项目代码	校验码
结构一(前缀码为690、691)	$X_{13}X_{12}X_{11}X_{10}X_9X_8X_7$	$X_6X_5X_4X_3X_2$	X_1
结构二(前缀码为692、693、694)	$X_{13}X_{12}X_{11}X_{10}X_9X_8X_7X_6$	$X_5X_4X_3X_2$	X_1
结构三	$X_{13}X_{12}X_{11}X_{10}X_9X_8X_7X_6X_5$	$X_4X_3X_2$	X_1

1)前缀码

前缀码由 2~3 位数字（$X_{13}X_{12}$ 或 $X_{13}X_{12}X_{11}$）组成，是 GS1 分配给国家（或地区）编码组织的代码。前缀码由 GS1 统一分配和管理，GS1 前缀码的分配见表 6-2。

表 6-2　　　　　　　　　　GS1 已分配的前缀码

前缀码	编码组织所在国家或地区	前缀码	编码组织所在国家或地区/应用领域
00~13	美国和加拿大	628	沙特阿拉伯
20~37	店内码	629	阿拉伯联合酋长国
30~29	法国	64	芬兰
380	保加利亚	690~695	中国（大陆）
383	斯洛文尼亚	70	挪威
385	克罗地亚	729	以色列
387	波黑	73	瑞典
40~44	德国	740	危地马拉
45、49	日本	741	萨尔瓦多
460~469	俄罗斯	742	洪都拉斯
470	吉尔吉斯斯坦	743	尼加拉瓜
471	中国台湾	744	哥斯达黎加
474	爱沙尼亚	745	巴拿马
475	拉脱维亚	746	多米尼加
476	阿塞拜疆	750	墨西哥
477	立陶宛	759	委内瑞拉
478	乌兹别克斯坦	76	瑞士
479	斯里兰卡	770	哥伦比亚
480	菲律宾	773	乌拉圭
481	白俄罗斯	775	秘鲁
482	乌克兰	777	玻利维亚
484	摩尔多瓦	779	阿根廷
485	亚美尼亚	780	智利
486	格鲁吉亚	784	巴拉圭
487	哈萨克斯坦	786	厄瓜多尔
489	中国香港特别行政区	789、790	巴西
50	英国	80~83	意大利

说明：（1）各国家或地区编码组织负责指导本国或本地区范围内对前缀码 20~29、980、981、982、99 的应用。

（2）在中国大陆，当 $X_{13}X_{12}X_{11}$ 为 690、691 时，EAN/UCC-13 代码采用结构一；当 $X_{13}X_{12}X_{11}$ 为 692、693、694 时，采用结构二。695 暂未启用。

需要指出的是，随着世界经济一体化的发展，前缀码一般并不一定代表产品的原产地，而只能说明分配和管理有关厂商识别代码的国家（或地区）编码组织。

2）厂商识别代码

厂商识别代码用来在全球范围内唯一标识厂商，其中包含前缀码。在中国大陆，厂商识别代码由 7~9 位数字组成，由中国物品编码中心负责注册分配和管理。

根据《商品条码管理办法》，具有企业法人营业执照或营业执照的厂商可以申请注册厂商识别代码。任何厂商不得盗用其他厂商的厂商识别代码，不得共享和转让，更不得伪造代码。

当厂商生产的商品品种很多，超过了"商品项目代码"的编码容量时，允许厂商申请注册一个以上的厂商识别代码。

3）商品项目代码

商品项目代码由 3~5 位数字组成，由获得厂商识别代码的厂商自己负责编制。

由于厂商识别代码的全球唯一性，因此，在使用同一厂商识别代码的前提下，厂商必须确保每个商品项目代码的唯一性，这样才能保证每种商品的项目代码的全球唯一性，即符合商品条码编码的"唯一性原则"。

不难看出，由 3 位数字组成的商品项目代码有 000~999 共 1 000 个编码容量，可标识 1 000 种商品；同理，由 4 位数字组成的商品项目代码可标识 10 000 种商品；由 5 位数字组成的商品项目代码可标识 100 000 种商品。

4）校验码

商品条码是商品标识代码的载体，由于条码的设计、印刷的缺陷以及识读时光电转换环节存在一定程度的误差，为了保证条码识读设备在读取商品条码时的可靠性，我们在商品标识代码和商品条码中设置校验码。校验码为 1 位数字，用来校验编码 $X_{13} \sim X_2$ 的正确性。校验码是根据 $X_{13} \sim X_2$ 的数值按一定的数学算法计算而得出的。

校验码的计算步骤如下：

（1）包括校验码在内，由右至左编制代码位置序号（校验码的代码位置序号为 1）；

（2）从代码位置序号 2 开始，所有偶数位的数字代码求和；

（3）将步骤（2）的和乘以 3；

（4）从代码位置序号 3 开始，所有奇数位的数字代码求和；

(5) 将步骤(3)与步骤(4)的结果相加;

(6) 用大于或等于步骤(5)所得结果且为 10 的最小整数倍的数减去步骤(5)所得结果,其差即为所求的校验码。具体可见表 6-3。

厂商在对商品项目编码时,不必计算校验码的值,该值由制作条码原版胶片或直接打印条码符号的设备自动生成。

表 6-3　　　　代码 690123456789 X_1 校验码的计算

步骤	举例说明	
1. 自右向左顺序编号	位置序号 13 12 11 10 9 8 7 6 5 4 3 2 1 代　　码　6　9　0　1　2　4　5　6　7　8　9　$X^?$	
2. 从序号 2 开始求出偶数位上数字之和①	$9+7+5+3+1+9=34$	①
3. ① × 3 = ②	$34 \times 3 = 102$	②
4. 从序号 3 开始求出奇数位上数字之和③	$8+6+4+2+0+6=26$	③
5. ② + ③ = ④	$102 + 26 = 128$	④
6. 用大于或等于结果④且为 10 最小整数倍的数减去④,其差即为所求校验码的值	$130 - 128 = 2$ 校验码 $X_1 = 2$	

2. EAN/UCC-8 代码结构

EAN/UCC-8 代码是 EAN/UCC-13 代码的一种补充,用于标识小型商品。它由 8 位数字组成,其结构见表 6-4。

表 6-4　EAN/UCC-8 代码结构

商品项目识别代码	校验码
$X_8 X_7 X_6 X_5 X_4 X_3 X_2$	X_1

可以看出,EAN/UCC-8 的代码结构中没有厂商识别代码。

EAN/UCC-8 的商品项目识别代码由 7 位数字组成。在中国大陆,

$X_8X_7X_6$ 为前缀码。前缀码与校验码的含义与 EAN/UCC-13 相同。计算校验码时,只需在 EAN/UCC-8 代码前添加 5 个 "0",然后按照 EAN/UCC-13 代码中的校验位计算即可。

从代码结构上可以看出,EAN/UCC-8 代码中用于标识商品项目的编码容量要远远少于 EAN/UCC-13 代码。

以前缀码 690 的商品标识代码为例。就 EAN/UCC-8 代码来说,除校验位外,只剩下 4 位可用于商品的编码,即仅可标识 10 000 种商品项目;而在 EAN/UCC-13 代码中,除厂商识别代码、校验位外,还剩 5 位可用于商品编码,即可标识 100 000 种商品项目。可见,EAN/UCC-8 代码用于商品编码的容量很有限,应慎用。

3. UCC-12 代码结构

UPC-A 商品条码是用来表示 UCC-12 商品标识代码的条码符号,是由美国统一代码委员会(UCC)制定的一种条码码制。UCC-12 代码可以用 UPC-A 商品条码和 UPC-E 商品条码的符号表示。UPC-A 是 UCC-12 代码的条码符号表示,UPC-E 则是在特定条件下将 12 位的 UCC-12 消 "0" 后得到的 8 位代码的 UCC-12 符号表示。

需要指出的是,通常情况下,不选用 UPC 商品条码。2005 年 1 月 1 日前,当产品出口到北美地区指定客户时,才需向本国(或地区)的编码组织申请使用 UPC 商品条码。自 2005 年 1 月 1 日起,位于北美(美国和加拿大)以外地区的厂商,应当在他们销往北美的产品上逐步淘汰使用新编 UCC-12 代码和 UPC 条码。在 2005 年 1 月 1 日以后,已经获得 UCC 厂商识别代码的厂商,可以在现存货品上继续使用这些条码。新产品应使用 GS1 成员编码组织分配 EAN 厂商识别代码(或者用于产品包装重新设计时)。此项规定将保证全球的厂商以唯一的方式取得代码,并对他们的产品进行编码。

1) UPC-A 商品条码的代码结构

UPC-A 商品条码所表示的 UCC-12 代码由 12 位(最左边加 0 可视为 13 位)数字组成,其结构如下。

(1) 厂商识别代码

厂商识别代码是美国统一代码委员会 UCC 分配给厂商的代码,由左起 6~10 位数字组成。其中,X_{12} 为系统字符,其应用规则见表 6-5。

表 6-5　　　　　　　　　厂商识别代码应用规则

系统字符	应用范围
0，6，7	一般商品
2	商品变量单元
3	药品及医疗用品
4	零售商店内码
5	优惠券
1，8，9	保留

UCC 起初只分配 6 位定长的厂商识别代码，后来为了充分利用编码容量，于 2000 年开始，根据厂商对未来产品种类的预测，分配 6~10 位可变长度的厂商识别代码。

系统字符 0、6、7 用于一般商品，通常为 6 位厂商识别代码；系统字符 2、3、4、5 的厂商识别代码用于特定领域（2、4、5 用于内部管理）的商品；系统字符 8 用于非定长的厂商识别代码的分配，厂商识别代码位数如下所示：

80：6 位　　84：7 位
81：8 位　　85：9 位
82：6 位　　86：10 位
83：8 位

（2）商品项目代码

商品项目代码的厂商编码由 1~5 位数字组成，其编码方法与 EAN/UCC-13 相同。

（3）校验码

校验码为 1 位数字，在 UCC-12 最左边加 0 即视为 13 位代码，计算方法与 EAN/UCC-13 代码相同。

2）UPC-E 商品条码的代码结构

UPC-E 商品条码所表示的 UCC-12 代码由 8 位数字（X_8~X_1）组成，是将系统字符为"0"的 UCC-12 代码进行消零压缩所得，消零压缩方法见表 6-6。其中，X_8~X_2 为商品项目代码；X_8 为系统字符，取值为 0；X_1 为校验码，校验码为消零压缩前 UCC-12 的校验码。

表 6-6　　UCC-12 转换为 UPC-E 商品条码的代码的压缩方法

UCC-12 代码				UPC-E 商品条码的代码	
厂商识别代码		商品项目代码	校验码	商品项目代码	校验码
X_{12}（系统字符）	$X_{11}\ X_{10}\ X_9\ X_8\ X_7$	$X_6\ X_5\ X_4\ X_3\ X_2$	X_1	$X_8\ X_7\ X_6\ X_5\ X_4\ X_3\ X_2$	X_1
0	$X_{11}\ X_{10}\ 0\ 0\ 0$ $X_{11}\ X_{10}\ 1\ 0\ 0$ $X_{11}\ X_{10}\ 2\ 0\ 0$	$0\ 0\ X_4\ X_3\ X_2$	X_1	$0\ X_{11}\ X_{10}\ X_4\ X_3\ X_2\ X_9$	X_1
	$X_{11}\ X_{10}\ 3\ 0\ 0$ ⋮ $X_{11}\ X_{10}\ 9\ 0\ 0$	$0\ 0\ 0\ X_3\ X_2$		$0\ X_{11}\ X_{10}\ X_9\ X_3\ X_2\ 3$	
	$X_{11}\ X_{10}\ X_9\ 1\ 0$ ⋮ $X_{11}\ X_{10}\ X_9\ 9\ 0$	$0\ 0\ 0\ 0\ X_2$		$0\ X_{11}\ X_{10}\ X_9\ X_8\ X_2\ 4$	
	无零结尾 $X_7 \neq 0$	$0\ 0\ 0\ 0\ 5$ ⋮ $0\ 0\ 0\ 0\ 9$		$0\ X_{11}\ X_{10}\ X_9\ X_8\ X_7\ 2$	

需要指明的是，表 6-6 所示的消零压缩方法是人为规定的算法。

由表 6-6 可看出，以 000、100、200 结尾的 UPC-A 商品条码的代码转换为 UPC-E 商品条码的代码后，商品项目代码 $X_4\ X_3\ X_2$ 有 000~999 共 1 000 个编码容量，可标识 1 000 种商品项目；同理，以 300~900 结尾的可标识 100 种商品项目；以 10~90 结尾的可标识 10 种商品项目；以 5~9 结尾的可标识 5 种商品项目。可见，UPC-E 商品条码的 UCC-12 代码可用于给商品编码的容量非常有限，因此，厂商识别代码第一位为 "0" 的厂商必须谨慎地管理他们有限的编码资源。只有以 "0" 打头的厂商识别代码的厂商，确有实际需要才能使用 UPC-E 商品条码。以 "0" 开头的 UCC-12 代码压缩成 8 位的数字代码后，就可以用 UPC-E 商品条码表示。

需要特别说明的是，在识读设备读取 UPC-E 商品条码时，由条码识读软件或应用软件把压缩的 8 位标识代码按表 6-5 所示的逆算法还原成全长度的 UCC-12 代码。条码系统的数据库中不存在 UPC-E 表示的 8 位数字代码。

示例：设某编码系统字符为 "0"，厂商识别代码为 012300，商品项目代码为 00064，将其压缩后用 UPC-E 的代码表示。查表 6-5，由于厂商识别代码以"300"结尾,首先取厂商识别代码的前三位数字"123",后跟商品项目代码的后两位数字"64",再其后是"3"。计算压缩前 12 位代码的校验字符为"2",因此,UPC-E 的代码为 01236432。

在特定条件下,12 位的 UPC-A 条码可以被表示为一种缩短形式的条码符号,即 UPC-E 条码。

6.3.3 商品条码符号的选择

在我国,零售商品选用 EAN/UPC 商品条码来表示。EAN/UPC 商品条码包括 EAN 商品条码(EAN-13 和 EAN-8)和 UPC 商品条码(UPC-A 和 UPC-E)。EAN-13 和 EAN-8 条码如图 6-9 所示。UPC 商品条码是 UCC-12 标识代码的条码符号表示,具体见 GB 12904-2003。

EAN-13

EAN-8

图 6-9 EAN 条码

EAN-13 商品条码又称标准版商品条码,表示 EAN/UCC-13 代码。EAN-8 商品条码也称缩短版商品条码,表示 EAN/UCC-8 代码。

在通常情况下,用户应尽量选用 EAN-13 条码。但在以下几种情况下,可采用 EAN-8 条码:

(1)EAN-13 商品条码的印刷面积超过印刷标签最大面面积的 1/4 或全部可印刷面积的 1/8 时;

(2)印刷标签的最大面面积小于 40cm^2 或全部可印刷面积小于 80cm^2 时;

(3)产品本身是直径小于 3cm 的圆柱体。

6.3.4 零售商品条码符号的设计

1. 条码标识形式的设计

企业在完成产品的编码工作后,就需要考虑条码标识的设计。本着减少商品包装成本、装潢美观大方和易于扫描识读的原则，商品条码标识主要设计成以下三种形式。

1）直接印刷在商品标签纸或包装容器上

如烟、酒、饮料、食品、日用化工产品、药品等，利用大批量连续印刷的方法把条码标识和标签原图案同时印成，具有方便、美观、不增加印刷费用等优点。

2）制成挂牌悬挂在商品上

如眼镜、手工艺品、珠宝首饰、服装等在没有印刷条码标识位置的情况下，将条码打印在挂牌上，再分挂在商品上。

3）制成不干胶标签粘贴在商品上

如化妆品、油脂质品、家用电器等将条码与装潢图案印在不干胶上，再粘贴在商品上。一些产品的老包装因不带条码标识，为了减少浪费，也可将带条码的不干胶粘贴在老包装上。

2. 条码载体设计

大多数商品条码都直接印刷在商品包装上，因此，条码的印刷载体以纸张、塑料、马口铁、铝箔等为主。

鉴于条码的尺寸精度和光学特性直接影响条码的识读，印刷载体的设计应考虑以下问题：

为保证条码的尺寸精度，应选用受温度影响小、受力后尺寸稳定、着色度好、油墨扩散适中、渗透性小、平滑度好、光洁度适中的材料作为印刷载体。

为保证条码的光学特性，应注意材料的反射特性，避免选用反光或镜面式窄反射材料。

实践证明，条码印刷以纸张作印刷载体时，应首选铜版纸、胶版纸、白板纸；以塑料作印刷载体时，应首选双向拉伸聚炳烯薄膜；以金属材料作为印刷载体时，应首选铝合金版和马口铁。常用的瓦楞纸包装由于表面平整性差、油墨渗洇性不一致，在瓦楞纸上印刷条码会产生较大的印刷误差，因此，一般情况下不在瓦楞纸板上印刷条码。如果一定要在瓦楞纸板上印刷条码，则要加厚楞纸板的面纸、底纸厚度，且条码的条应与瓦楞方向一致。

3. 条码符号的尺寸设计

条码标识的尺寸设计就是确定条码的放大系数 M。放大系数是指条码设计尺寸与条码标准尺寸的比值。在条码尺寸设计时，主要考虑以下几个因素：印刷包装上可容纳的条码面积；与装潢的整体协调；印刷厂的印刷条件。

从 GB12904《商品条码》国家标准中我们可以看出,不同放大系数的条码,它们的尺寸误差要求也不同。放大系数越小,尺寸误差要求越严。有的印刷厂因受设备条件等的限制,只能印刷 1.0 以上的条码标识。0.85 以下的放大系数的条码大多数印刷厂的印刷质量都得不到保证,因此建议企业不要采用 0.85 以下放大系数的条码。在可印刷条码的面积中,如只是高度尺寸不够,则可以用不减少条码放大系数而在印刷制版时适当截去部分条码高度的方法来解决。由于条码识读性能的提高,截去部分条高一般不会影响扫描识读。但这是在万不得已的情况下采取的方法,如果面积足够,就不要截短条高,且在放大系数选择时尽量采用较大值。

在选择放大系数时,还要考虑商品包装的整体设计,使印制的条码与商品包装图案匀称协调。在小包装上印刷放大系数较大的条码或在大包装上印刷放大系数较小的条码,都会破坏商品包装的整体效果。

另外,如果印刷载体是瓦楞纸板或其他质量较差的纸张,为了保证印刷质量,应选用较大放大系数的条码。

对于包装较小的零售商品,可考虑印刷 EAN 码或 UPC 码的缩短版(EAN-8 码或 UPC-E 码)。

1) 模块、条码字符及符号组成部分的尺寸

当放大系数为 1.00 时,商品条码的模块宽度为 0.330mm。当放大系数为 1.00 时,商品条码字符集中每个字符的各部分尺寸见图 6-10。其中,1、2、7、8 条码字符条空的宽度尺寸应进行适当调整,以提高识读设备对条码符号的识读性能,调整量为一个模块宽度尺寸的 1/13,见表 6-7。

表 6-7　　　　条码字符 1、2、7、8 条空宽度的调整量　　　　单位:mm

字符值	A 子集		B 子集或 C 子集	
	条	空	条	空
1	−0.025	+0.025	+0.025	−0.025
2	−0.025	+0.025	+0.025	−0.025
7	+0.025	−0.025	−0.025	+0.025
8	+0.025	−0.025	−0.025	+0.025

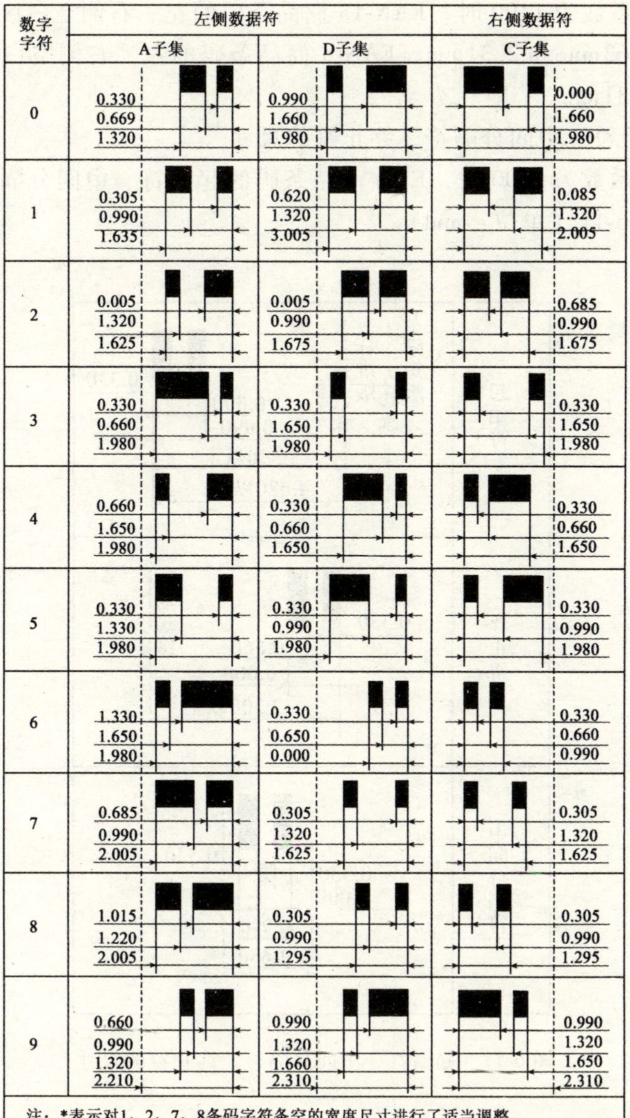

第6章 GS1系统与商品条码

数字字符	左侧数据符 A子集	左侧数据符 D子集	右侧数据符 C子集
0	0.330 / 0.669 / 1.320	0.990 / 1.660 / 1.980	0.000 / 1.660 / 1.980
1	0.305 / 0.990 / 1.635	0.620 / 1.320 / 3.005	0.085 / 1.320 / 2.005
2	0.005 / 1.320 / 1.625	0.005 / 0.990 / 1.675	0.685 / 0.990 / 1.675
3	0.330 / 0.660 / 1.980	0.330 / 1.650 / 1.980	0.330 / 1.650 / 1.980
4	0.660 / 1.650 / 1.980	0.330 / 0.660 / 1.650	0.330 / 0.660 / 1.650
5	0.330 / 1.330 / 1.980	0.330 / 0.990 / 1.980	0.330 / 0.990 / 1.980
6	1.330 / 1.650 / 1.980	0.330 / 0.650 / 0.000	0.330 / 0.660 / 0.990
7	0.685 / 0.990 / 2.005	0.305 / 1.320 / 1.625	0.305 / 1.320 / 1.625
8	1.015 / 1.220 / 2.005	0.305 / 0.990 / 1.295	0.305 / 0.990 / 1.295
9	0.660 / 0.990 / 1.320 / 2.210	0.990 / 1.320 / 1.660 / 2.310	0.990 / 1.320 / 1.650 / 2.310

注:*表示对1,2,7,8条码字符条空的宽度尺寸进行了适当调整。

图 6-10 条码字符的尺寸

2）空白区的宽度尺寸

当放大系数为1.00时，EAN-13商品条码的左、右侧空白区最小宽度尺寸分别为3.63mm和2.31mm，EAN-8商品条码的左、右侧空白区最小宽度尺寸均为2.31mm。

3）起始符、中间分隔符、终止符的尺寸

当放大系数为1.00时，EAN商品条码的起始符、中间分隔符、终止符的尺寸见图6-11（单位：mm）。

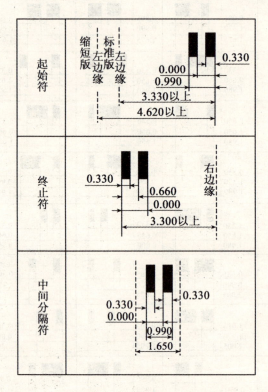

图6-11 起始符、中间分隔符、终止符的尺寸

4）供人识别字符的尺寸

当放大系数为1.00时，供人识别字符的高度为2.75mm。

5）商品条码的符号尺寸

当放大系数为1.00时，EAN-13商品条码的符号尺寸如图6-12所示。

当放大系数为1.00时，EAN-8商品条码的符号尺寸如图6-13所示。

图6-12　EAN-13商品条码的符号尺寸（放大系数为1.00）

图6-13　EAN-8商品条码的符号尺寸（放大系数为1.00）

当放大系数为1.00时，UPC-A商品条码的符号尺寸如图6-14所示。
当放大系数为1.00时，UPC-E商品条码的符号尺寸如图6-15所示。

4. 条空颜色搭配设计

条空颜色搭配是指条码中条色与衬底空色的组合搭配。条码是使用专用识读设备，依靠分辨条空的边界和宽窄来实现的。因此，要求条与空的颜色反差越大越好。一般来说，白色作底、黑色作条是最理想的颜色搭配。

条码识读器是通过条码符号中条、空对反射光反射频率的对比来实现识读的。不同颜色对光的反射率不同。一般来说，浅色的反射率较高，可作为空色，即条码符号的底色，如白色、黄色、橙色等；深色的反射率较低，可

图6-14 UPC-A商品条码的符号尺寸（放大系数为1.00）

图6-15 UPC-E商品条码的符号尺寸（放大系数为1.00）

作为条色，如黑色、深蓝色、深绿色、深棕色等。

商品条码的识读是通过分辨条空的边界和宽窄来实现的，因此，要求条与空的颜色反差越大越好。条色应采用深色，空色应采用浅色。白色作为空、黑色作条是较理想的颜色搭配。通常，条码符号的条空颜色可参考第4章条码符号的颜色搭配表进行搭配，是否合格，还应满足GB12904商品条码标准文本中规定的符号光学特性要求。条码印刷颜色设计提要如下：

条、空的黑白颜色搭配可获得最大的对比度，所以是最安全的条码符号颜色设计。

由于条码识读器一般用波长为 630~700 nm 的红色光源，红光照射在红色上时，反射率最高，因此，红色绝不能作为条色。以深棕色为条色时，也必须控制其中红色成分在足够小的范围内，否则，会因红色的作用而影响条码识读。

对于透明或半透明的印刷载体，应禁用与其包装内容物相同的颜色作为条色，以避免降低条空对比度，影响识读。此时，可以在印刷条码的条色前，先印一块白色的底色作为条码的空色，然后再印刷条码。白色的底使条码与内容物颜色隔离，保证 PCS 值达到技术要求。

当装潢设计的颜色与条码设计的颜色发生冲突时，应以条码设计的颜色为准改动装潢设计颜色。

使用铝箔等金属反光材料作为载体时，可将经打毛处理的本体颜色或在本体上印一层白色作为条码的空色，未经打毛的反光材料本体作为条色。如雪碧的易拉罐就是这样选择设计条码颜色的。

带有金属性的颜色（如金色），由于其反光度和光泽性会造成镜面反射效应而影响扫描器识读，因而用金色来印刷条码或把印刷载体上的金色作为空色时一定要慎重。

总之，条码标识颜色的选择对条码的识读是至关重要的。企业在设计条码颜色时，如不清楚所选的条、空颜色搭配是否符合要求，可用条码检测仪分别测量一下条色和空色的反射率，然后按 PCS 值计算公式计算一下看是否符合标准所要求的数值来决定。

5. 符号位置设计

条码符号位置的选择应以符号位置相对统一、符号不易变形、便于扫描操作和识读为准则。首选的条码符号位置宜在商品包装背面的右侧下半区域内。

通常，条码符号只要在印刷尺寸和光学特性方面符合标准的规定，就能够被可靠识读。但是，如果将通用商品条码符号印刷在食品、饮料、日用杂品等商品的包装上，我们便会发现，条码符号的识读效果在很多情况下会受印刷位置的影响。因此，选择适当的位置印刷条码符号，对于迅速、可靠地识读商品包装上的条码符号、提高商品管理和销售扫描结算效率是非常重要的。

1）执行标准

商品条码符号位置可参阅国家标准 GB/T 14257-2002。其中确立了商品条码符号位置的选择原则,还给出了商品条码符号放置指南,适用于商品条码符号位置的设计。

2) 商品条码符号位置的选择原则

(1) 基本原则

条码符号位置的选择应以符号位置相对统一、符号不易变形、便于扫描操作和识读为准则。

(2) 首选位置

商品包装正面是指商品包装上主要明示商标和商品名称的一个外表面。与商品包装正面相背的商品包装的一个外表面定义为商品包装背面。首选的条码符号位置宜在商品包装背面的右侧下半区域内。

(3) 其他选择

商品包装背面不适宜放置条码符号时,可选择商品包装另一个适合的面的右侧下半区域放置条码符号。但是对于体积大的或笨重的商品,条码符号不应放置在商品包装的底面。

(4) 边缘原则

条码符号与商品包装邻近边缘的间距不应小于8mm或大于102mm。

(5) 方向原则

① 通则

商品包装上条码符号宜横向放置,见图6-16(a)。横向放置时,条码符号的供人识别字符应为从左至右阅读。在印刷方向不能保证印刷质量和商品包装表面曲率及面积不允许的情况下,可以将条码符号纵向放置,见图6-16(b)。纵向放置时,条码符号供人识别字符的方向宜与条码符号周围的其他图文相协调。

② 曲面上的符号方向

在商品包装的曲面上,将条码符号的条平行于曲面的母线放置条码符号时,条码符号表面曲度 θ 应不大于300°,见图6-17。可使用的条码符号的放大系数最大值与曲面直径有关,条码符号表面曲度大于300°,应将条码符号的条垂直于曲面的母线放置,见图6-18。

(6) 避免选择的位置

不应把条码符号放置在有穿孔、冲切口、开口、装订钉、拉丝拉条、接缝、折叠、折边、交叠、波纹、隆起、褶皱、其他图文和纹理粗糙的地方。

不应把条码符号放置在转角处或表面曲率过大的地方。

不应把条码符号放置在包装的折边或悬垂物下边。

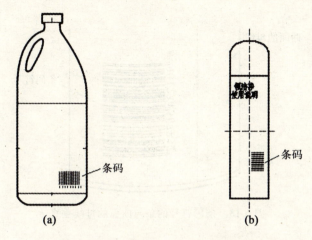

图 6-16　条码符号放置的方向

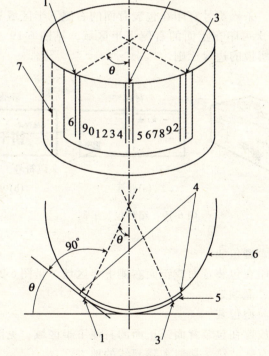

1—第一个条的外侧边缘；2—中间分隔符两条的正中间；3—最后一个条的外侧边缘；4—左、右空白区的外边缘；5—条码符号；6—包装的表面；7—曲面的母线

图 6-17　条码符号表面曲度示意图

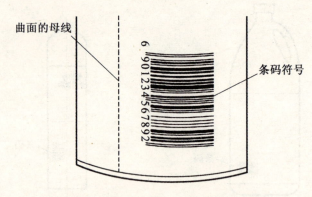

图 6-18　条码符号的条与曲面的母线垂直

3）条码符号放置指南

（1）箱型包装

对箱型包装，条码符号宜印在包装背面的右侧下半区域靠近边缘处，见图 6-19（a）；其次可印在正面的右侧下半区域，见图 6-19（b）。与边缘的间距应符合上面所说的边缘原则。

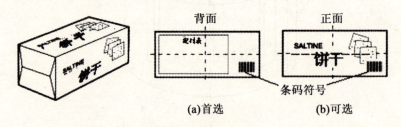

图 6-19　箱形包装示例

（2）瓶型和壶型包装

条码符号宜印在包装背面或正面右侧下半区域，见图 6-20。不应把条码符号放置在瓶颈、壶颈处。

（3）罐型和筒型包装

条码符号宜放置在包装背面或正面的右侧下半区域，见图 6-21。不应把条码符号放置在有轧波纹、接缝和隆起线的地方。

（4）桶型和盆型包装

条码符号宜放置在包装背面或正面的右侧下半区域，见图 6-22（a）、

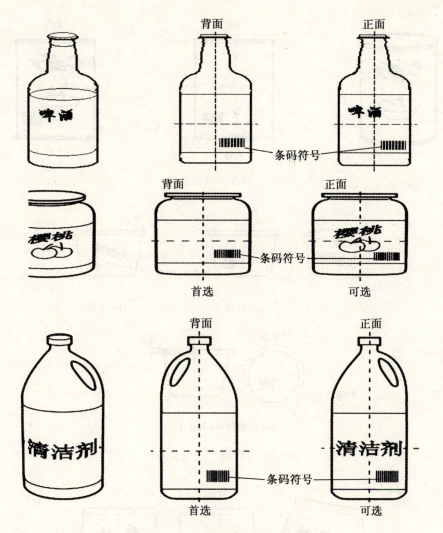

图 6-20 瓶装和壶型包装示例

6-22（b）。背面、正面及侧面不宜放置时，条码符号可放置在包装的盖子上，但盖子的深度 h 应不大于 12mm，见图 6-22（c）。

(5) 袋型包装

条码符号宜放置在包装背面或正面的右侧下半区域尽可能靠近袋子中间的地方，或放置在填充内容物后的袋子平坦、不起皱折处，见图 6-23。不应把条码符号放在接缝处或折边的下面。

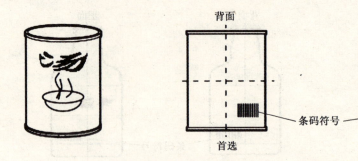

图 6-21 罐型和筒型包装示例

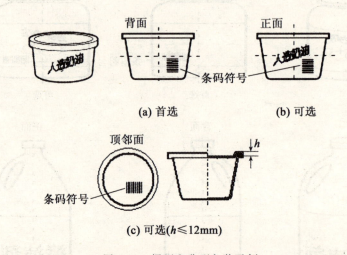

图 6-22 桶型和盆型包装示例

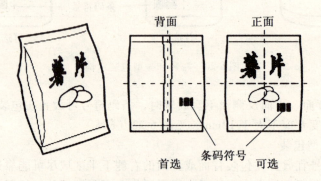

图 6-23 袋型包装示例

(6) 收缩膜和真空成型包装

条码符号宜放置在包装的较为平整的表面上。在只能把条码符号放置在曲面上时，参见本节方向原则中曲面上的符号方向、选择条码符号的方向和放大系数。不应把条码符号放置在有皱折和扭曲变形的地方，见图 6-24。

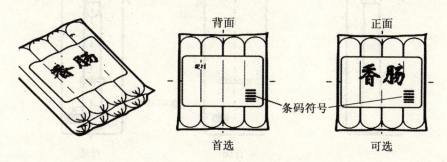

图 6-24 收缩膜和真空成型包装

(7) 泡型罩包装

条码符号宜放置在包装背面右侧下半区域靠近边缘处。在背面不宜放置时，可把条码符号放置在包装的正面，条码符号应离开泡型罩的突出部分。当泡型罩突出部分的高度 H 超过 12mm 时，条码符号应尽量远离泡型罩的突出部分，见图 6-25。

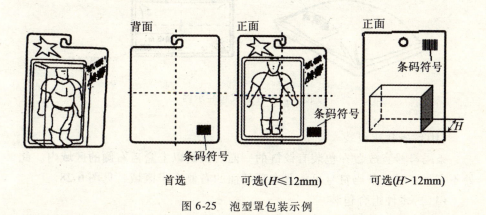

图 6-25 泡型罩包装示例

(8) 卡片式包装

条码符号宜放置在包装背面的右侧下半区域靠近边缘处。在背面不宜放置时，可把条码符号放置在包装正面，条码符号应离开产品放置，避免条码符号被遮挡（见图 6-26）。

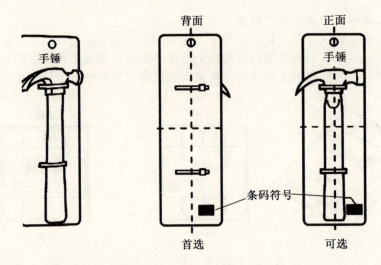

图 6-26 卡片式包装示例

(9) 托盘式包装

条码符号宜放置在包装顶部面的右侧下半区域靠近边缘处,见图 6-27。参见本节方向原则中曲面上的符号方向、选择条码符号的方向和放大系数。

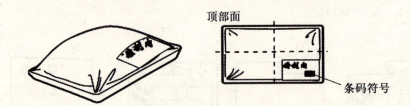

图 6-27 托盘式包装示例

(10) 蛋盒式包装

条码符号宜放置在包装有铰链的一面、铰链以上盒盖右侧的区域内。此处不宜放置时,条码符号可放置在顶部面的右侧下半区域,见图 6-28。

(11) 多件组合包装

条码符号宜放置在包装背面的右侧下半区域靠近边缘处。在背面不宜放置时,可把条码符号放置在包装侧面的右侧下半区域靠近边缘处,见图 6-29。当多件组合包装和其内部的单件包装都带有商品条码时,内部的单件包装上的条码符号应被完全遮盖住,多件组合包装上的条码符号在扫描时应该是唯一可见的条码。

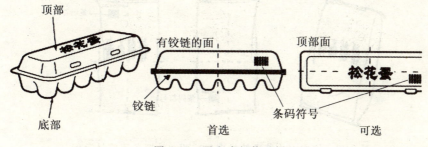

图 6-28 蛋盒式包装示例

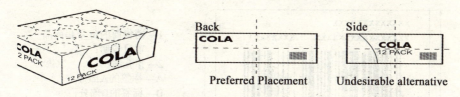

图 6-29 多件组合包装示例

（12）体积大或笨重的商品包装

包装特征：

有两个方向上（宽/高、宽/深或高/深）的长度大于 45cm，或重量超过 13kg 的商品包装。

符号位置：

对于体积大或笨重的商品包装，条码符号宜放在包装背面右侧下半区域。包装背面不宜放置时，可以放置在包装除底面外的其他面上。

可选的符号放置方法：

两面放置条码符号对于体积大或笨重的商品包装，每个包装上可以使用两个同样的、标记该商品的商品条码符号，一个放置在包装背面的右下部分，另一个放置在包装正面的右上部分，见图 6-30。

加大供人识别字符对于体积大或笨重的商品包装，可以将其商品条码符号的供人识别字符高度放大至 16mm 以上，印在条码符号的附近。

采用双重条码符号标签对体积大或笨重的商品包装，可以采用图 6-31 所示的双重条码符号标签。标签的 A、B 部分上的条码符号完全相同，是标记该商品的商品条码符号。标签的 A、C 部分应牢固地附着在商品包装上，B 部分与商品包装不粘连。在商品通过 POS 系统进行扫描结算时，撕下标

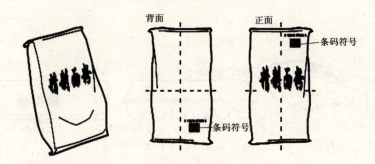

图 6-30　体积大或笨重的袋型包装两面放置条码符号示例

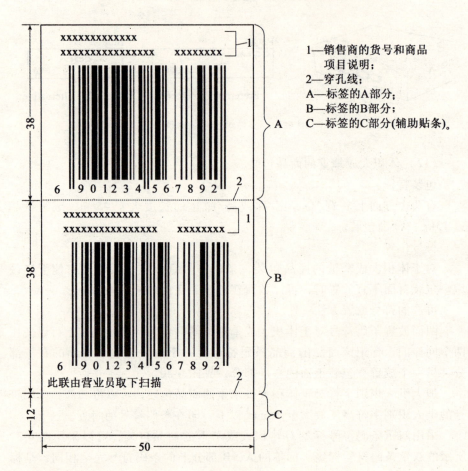

说明：图中所标尺寸为最小尺寸，单位为 mm。

图 6-31　双重条码符号标签示例

签的 B 部分，由商店营业员扫描该部分上面的条码进行结算，然后将该部分销毁。标签的 A 部分保留在商品包装上供查验。粘贴双重条码符号标签的包装不作为商品运输过程的外包装时，双重条码符号标签的 C 部分（辅助贴条）可以省去。

（13）其他形式

对一些无包装的商品，商品条码符号可以印在挂签上，见图 6-32。

如果商品有较平整的表面且允许粘贴或缝上标签，条码符号可以印在标签上。见图 6-33。

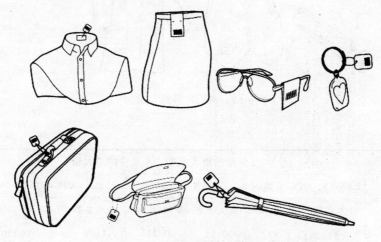

图 6-32　条码符号挂签示例

4）商品条码符号放大系数及 X 尺寸与商品包装直径的关系

商品条码符号放大系数及 X 尺寸与商品包装直径的关系见表 6-8。

表 6-8　商品条码符号放大系数及 X 尺寸与商品包装直径的关系

商品包装直径/mm	可使用的放大系数，X 尺寸的最大值					
	EAN-13，UPC-A 条码		EAN-8 条码		UPC-E 条码	
	放大系数	X 尺寸/mm	放大系数	X 尺寸/mm	放大系数	X 尺寸/mm
≤25	*	*	*	*	*	*
30	*	*	*	*	0.92	0.304

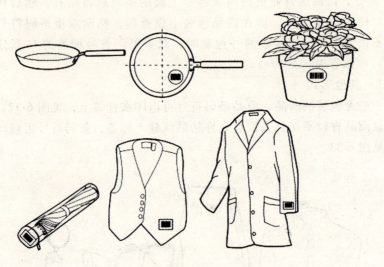

图 6-33　条码符号标签示例

续表

商品包装直径/mm	可使用的放大系数，X 尺寸的最大值					
	EAN-13，UPC-A 条码		EAN-8 条码		UPC-E 条码	
	放大系数	X 尺寸/mm	放大系数	X 尺寸/mm	放大系数	X 尺寸/mm
35	*	*	0.83	0.274	1.08	0.356
40	*	*	0.95	0.314	1.24	0.409
45	*	*	1.07	0.353	1.39	0.459
50	0.83	0.274	1.18	0.389	1.55	0.512
55	0.92	0.304	1.30	0.429	1.71	0.564
60	1.00	0.330	1.42	0.469	1.86	0.614
65	1.08	0.356	1.54	0.508	2.00	0.330
70	1.17	0.386	1.66	0.549	2.00	0.330
75	1.25	0.413	1.78	0.587	2.00	0.330
80	1.34	0.446	1.90	0.627	2.00	0.330
85	1.42	0.469	2.00	0.660	2.00	0.330

续表

商品包装	可使用的放大系数，X 尺寸的最大值					
直径/mm	EAN-13，UPC-A 条码		EAN-8 条码		UPC-E 条码	
	放大系数	X 尺寸/mm	放大系数	X 尺寸/mm	放大系数	X 尺寸/mm
90	1.50	0.495	2.00	0.660	2.00	0.330
95	1.59	0.525	2.00	0.660	2.00	0.330
100	1.67	0.551	2.00	0.660	2.00	0.330
105	1.75	0.578	2.00	0.660	2.00	0.330
110	1.84	0.607	2.00	0.660	2.00	0.330
115	1.92	0.634	2.00	0.660	2.00	0.330
≥120	2.00	0.660	2.00	0.660	2.00	0.330

注：1. *表示商品包装直径太小，不能采用把条平行于曲面的母线放置条码符号的方式；

2. 对于商品条码，X 尺寸即模块宽度。

7. 左、右侧空白区设计

条码左、右侧空白区的宽度尺寸随放大系数的变化而变化。左、右侧空白区的宽度对条码的成功识读有着重要的意义，因此，其宽度尺寸要求是衡量条码符号质量的主要参数之一。

6.4 非零售商品上的条码

6.4.1 非零售商品的代码结构

非零售商品的标识代码主要采用 GTIN 四种数据结构中的 EAN/UCC-14、EAN/UCC-13 和 UCC-12 三种。EAN/UCC-14 的代码结构如表6-9所示。

表6-9　　　　　　　　　　**EAN/UCC-14 代码结构**

指示符	内含商品的标识代码（不含校验位）	校验位
N_1	N_2 N_3 N_4 N_5 N_6 N_7 N_8 N_9 N_{10} N_{11} N_{12} N_{13}	N_{14}

表 6-9 中指示符的赋值区间为 1~9，其中，1~8 用于定量的非零售商品，9 用于变量的非零售商品。最简单的方法是按顺序分配指示符，即将 1，2，3，…分别分配给非零售商品的不同级别的包装组合。厂商识别代码、商品项目代码、校验位的含义同零售商品。

6.4.2 非零售商品标识代码的编制方法

1. 非零售定量商品标识代码的编制

1）单个包装的非零售商品

单个包装的非零售商品是指独立包装但又不适合通过零售端 POS 扫描结算的商品项目，如独立包装的冰箱、洗衣机等。其标识代码可以采用 EAN/UCC-13、EAN/UCC-8 或 UCC-12 代码结构。

2）含有多个包装等级的非零售商品

如果要标识的货物内含有多个包装等级，如装有 24 条香烟的一整箱烟或装有 6 箱烟的托盘等。其标识代码可以选用 EAN/UCC-14、EAN/UCC-13 或 UCC-12，见图 6-34。采用 EAN/UCC-13 或 UCC-12 时，与零售贸易项目的标识方法相同。包装指示符的取值范围为 1~8。

2. 非零售变量商品标识代码的编制

非零售变量商品是指其内含物品以基本计量单位计价、数量随机的包装形式，如待分割的牛肉等。非零售变量商品的标识代码采用 EAN/UCC-14 结构，见表 6-10。

表 6-10　非零售变量商品的 EAN/UCC-14 代码结构

指示符	厂商识别代码	项目代码	校验位
$N_1=9$	$N_2\ N_3\ N_4\ N_5\ N_6\ N_7\ N_8$	$N_9\ N_{10}\ N_{11}\ N_{12}\ N_{13}$	N_{14}

表 6-10 中，指示符 9 表示此代码是对变量贸易项目的标识。厂商识别代码、项目代码与校验位的含义同零售商品。

3. 非零售商品附加属性信息的编码

对于一些非零售商品，在流通过程中可能需要了解它的其他附加信息，如生产日期、有效期、批号及数量等。

应用标识符由 2~4 位数字组成，用于标识其后数据的含义和格式。部

EAN/UCC-13:6901234000047

EAN/UCC-14:16901234000044 或
EAN/UCC-13：6901234000054

EAN/UCC-14:26901234000041 或
EAN/UCC-13：6901234000061

图 6-34　不同包装等级的商品的编码方案

分应用标识符的含义及格式见表 6-11。

表 6-11　　　　　　部分应用标识符的含义及格式

应用标识符	数据含义	格　　式			备　　注
17	有效期	年	月	日	以六位数字表示必备要素
		N_1N_2	N_3N_4	N_5N_6	
30	总量（包装内的）	总量			只用于变量商品长度可变，最长 8 位
		$N_1\cdots\cdots N_8$			
10	批号	批号			长度可变，最长 20 位
		$X_1\cdots\cdots X_{21}$			
11	生产日期	年	月	日	表示方法同有效期
		N_1N_2	N_3N_4	N_5N_6	

续表

应用标识符	数据含义	格式			备注
13	包装日期	年	月	日	表示方法同有效期
		N_1N_2	N_3N_4	N_5N_6	
15	保质期	年	月	日	表示方法同有效期
		N_1N_2	N_3N_4	N_5N_6	

6.4.3 条码符号的选择

非零售商品的符号表示有多种，如 EAN/UPC 条码、ITF-14 条码或 UCC/EAN-128 条码。采用 EAN/UPC 条码标识非零售商品时，其方法与零售商品相同。UCC/EAN-128 条码可用于标识带有附加属性信息的商品。图 6-35 所示为一个表示非零售商品的标识代码、有效期和批号的 UCC/EAN-128 条码。

图 6-35 UCC/EAN-128 条码标识的非零售商品

ITF-14 条码用于标识非零售的商品，其条码符号结构如图 6-36 所示。ITF-14 条码对印刷精度要求不高，比较适合直接印制（热转印或喷墨）于表面不够光滑、受力后尺寸易变形的包装材料，如瓦楞纸或纤维板上。

1. 符号结构

ITF-14 条码由矩形保护框、左侧空白区、条码字符、右侧空白区组成，其符号位置如图 6-37 所示。

2. 放大系数与符号尺寸

ITF-14 条码符号的放大系数范围为 0.625～1.200，条码符号的大小随

图 6-36　ITF-14 条码符号结构

放大系数的变化而变化。

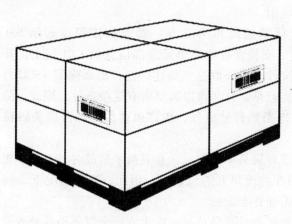

图 6-37　ITF-14 条码符号位置

6.4.4　印刷位置设计

每个完整的非零售商品包装上至少应有一个条码符号,该条码符号到任何一个直立边的间距应不小于 50mm。运输过程中的包装项目上最好使用两个条码符号,放置在相邻的两个面上——短的面和长的面右侧各放一个。在仓库应用中,这样可以保证包装转动时,人们总能看到其中的一个条码符号。

当采用 ITF-14 条码标识 13 位的标识代码时,需要在 13 位的代码前添加一位"0",以满足 ITF-14 条码标识 14 位标识代码的需要(见图 6-36)。

6.5 物流单元上的条码

6.5.1 UCC/EAN-128 代码结构的编制

GS1 系统在供应链中跟踪和自动记录物流单元使用了系列货运包装箱代码（serial shipping container code，SSCC），它是为物流单元提供唯一标识的代码。SSCC 代码需要用 GS1 系统 128 条码符号表示。通过扫描识读物流单元上表示 SSCC 的 UCC/EAN-128 条码符号，建立商品流动与相关信息间的链接，能逐一跟踪和自动记录物流单元的实际流动，同时也可广泛用于运输行程安排、自动收货等。SSCC 对每一特定的物流单元是唯一的，并且基本上可以满足所有的物流应用。

如果贸易伙伴（包括承运商和第三方）都能扫描识读表示 SSCC 的 UCC/EAN-128 条码符号，交换含有物流单元全部信息的 EDI 报文，并且读取时能够在线得到相关文件，以获取这些描述信息，那么除了 SSCC 外，就不需要标识其他信息了。但是，目前难以满足所有这些条件，因此，除了表示 SSCC 的 UCC/EAN-128 条码符号以外，少许属性信息还需以条码符号的形式表示在物流单元上。

当物流单元可能由多种贸易项目构成，在其尚未形成时，无法事先将含 SSCC 在内的条码符号印在物流单元的包装上。因此，通常情况下，物流标签是在物流单元确定时附加在上面的。

如果一个物流单元同时也是贸易单元，应生成一个以条码符号表示所有需求信息的单一标签。

不管物流单元本身是否标准，所包含的贸易项目是否相同，SSCC 都可标识所有的物流单元。厂商如果希望在 SSCC 数据中区分不同的生产厂（或生产车间），可以通过分配每个生产厂（或生产车间）SSCC 区段来实现。

SSCC 在发货通知、交货通知和运输报文中公布。SSCC 的编码结构见表 6-12。

扩展位：用于增加 SSCC 系列代码的容量，由厂商分配。如 0 表示纸盒，1 表示托盘，2 表示包装箱等。

厂商识别代码：由中国物品编码中心负责分配给用户，用户通常是组合物流单元的厂商。SSCC 在世界范围内是唯一的，但并不表示物流单元内贸易项目的起始点。

表 6-12　　　　　　　　　　**SSCC 的编码结构**

AI	SSCC				校验码
	扩展位		厂商识别代码	系列代码	
0 0	N_1		$N_2\ N_5\ N_4\ N_5\ N_6\ N_7\ N_8\ N_9\ N_{10}$	$N_{11}\ N_{12}\ N_{13}\ N_{14}\ N_{15}\ N_{16}\ N_{17}$	N_{12}

系列代码：是由取得厂商识别代码的厂商分配的一个系列号，用于组成 N_2 到 N_{17} 字符串。系列代码一般为流水号。

6.5.2　条码符号的选择

物流单元的条码符号采用 UCC/EAN-128 条码表示（见图 6-38）。

图 6-38　表示 SSCC 的 UCC/EAN-128 条码

1. 符号结构

UCC/EAN-128 条码由左侧空白区、起始符号、数据字符、校验符、终止符、右侧空白区及供人识读字符组成（如图 6-39 所示）。

图 6-39　UCC/EAN-128 条码的符号结构

2. 放大系数与符号尺寸

SSCC 条码符号的最小放大系数是 0.5，若采用标准宽度的标签，对

SSCC 进行编码的条码的尺寸最大值为 0.94mm；条码符号的高度最小为 32mm，有时受空间限制不能印制建议高度的条码，无论如何不能低于 13mm；左、右侧空白区的宽度不小于 10 个模块宽；供人识读的字符高度不小于 3mm，位于条码符号的下端且清晰易读。

3. 条码符号的链接

要在一个条码符号中表示多个单元数据串，尽可能节省标签空间，并优化扫描操作，链接是最有效的方法。但物流单元 SSCC 除外，由于表示 SSCC 的 UCC/EAN-128 条码所推荐的尺寸比较大，因此在一个标准宽度为 105mm 的标签上，SSCC 不允许链接。

4. 符号位置

1）执行标准

物流标签的位置可参阅国家标准 GB／T 18127-2000 中的有关内容。

2）印刷位置及方向

每一个贸易项目和物流单元上至少有一个条码符号。仓储应用中，为确保在连贯转动的情况下至少可以看见一个标签，推荐的最佳方案是：将同一标签印在运输包装的相邻两面上。这两个相邻面的位置应是宽面位于窄面的右方。

3）对条码符号印刷位置及方向选择的建议

（1）高度小于 1m 的物流单元

对于高度低于 1m 的纸板箱与其他形式的物流单元，标签中 SSCC 的底边应距离物流单元的底部 32mm。包括空白区在内，标签与物流单元垂直边线的距离不小于 19mm。见图 6-40。

如果物流单元已经使用 EAN-13、UPC-A、ITF-14 或 UCC/EAN-128 条码符号，标签应贴在上述条码的旁边，不能覆盖原有的条码，并保持一致的水平位置。

（2）高度不足 1m 的托盘

高度不足 1m 的托盘，条码位置应尽可能高，但距离物流单元底边不超过 800mm。

（3）高度超过 1m 的物流单元

托盘和其他高度超过 1m 的物流单元，标签应位于距离物流单元底部或托盘表面 400～800mm 的位置，标签与物流单元直立边的距离不小于 50mm（见图 6-41）。

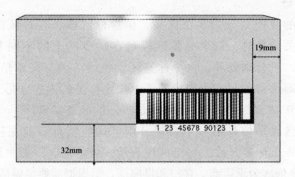

图 6-40　高度小于 1m 的物流单元标签放置示意图

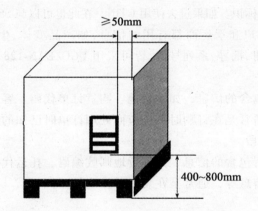

图 6-41　高度超过 1m 的箱体和托盘标签放置示意图

6.5.3　物流标签的设计

1. 信息的表示法

物流标签上表示的信息有两种基本的形式：由文本和图形组成的供人识读的信息；为自动数据采集设计的机读信息。作为机读符号的条码是传输结构化数据的可靠而有效的方法，允许在供应链中的任何节点获得基础信息。表示信息的两种方法能够将一定的含义添加于同一标签上。物流标签是由 3 个区段构成，标签最上边的区段为自由格式信息，中间区段为文本信息和条码符号供人识读字符，最下边的区段为条码符号。

2. 标签设计

物流标签的版面划分为 3 个区段：供应商区段、客户区段和承运商区段。当获得相关信息时，每个标签区段可在供应链上的不同节点使用。此外，为便于人、机分别处理，每个标签区段中的条码与文本信息是分开的。标签制作者，即负责印制和应用标签者，决定标签的内容、形式和尺寸。

对所有 GS1 物流标签来说，SSCC 是唯一的必备要素。

每个标签区段是信息的一个合理分组。这些信息一般在特定时间才知道。标签上有 3 个标签区段，每个区段表示一组信息。一般来说，标签区段从上到下的顺序依次为承运商、客户和供应商，但根据需要可做适当调整。

1）供应商区段

供应商区段所包含的信息一般是供应商在包装时已知的信息，SSCC 在此作为物流单元的标识。如果过去使用 GTIN，在此也可以与 SSCC 一起使用。

对供应商、客户和承运商都有用的信息，如产品变体、生产日期、包装日期、有效期、保质期、批号、系列号等，皆可采用 UCC/EAN-128 条码符号表示。

2）客户区段

客户区段所包含的信息，如到货地、购货订单代码、客户特定运输路线和装卸信息等，通常是在订购时和供应商处理订单时已知的信息。

3）承运商区段

承运商区段所包含的信息，如到货地邮政编码、托运代码、承运商特定运输路线、装卸信息等，通常是在装货时知晓的。

4）标签示例

图 6-42 所示是最基本的标签。在该标签中，UCC/EAN-128 条码符号仅表示 SSCC。

图 6-42　物流标签

图 6-43 是含承运商区段、客户区段和供应商区段的标签。图中最上面的一个标签为承运商的信息，其中"420"表示收货方与供货方在同一国家（或地区）收货方的邮政编码。从图上的文字不难看出，这个物流标签所标识的货物是从美国的 Boston 运送到 Dayton，是在同一个国家中进行运输；"401"表示货物托运代码。中间的物流标签标识的是客户信息，"410"后跟随的是交货地点的（运抵）位置码，也就是客户的位置码。最下面的标签是供应商区段的内容，"00"后跟随的是要发运的物流单元。

图 6-43　含承运商区段、客户区段和供应商区段的标签

3. 物流标签尺寸

标签的物理尺寸由标签制作人确定，但标签的大小应与标签各区段的数

据要求相适应。影响标签尺寸的因素有所需数据量、所用条码的容量和 X 尺寸以及要贴标签的物流单元的尺寸。

标准 A6（105mm×148mm）的标签能满足大多数用户的要求，其他尺寸的标签主要根据数据要求和物流单元尺寸而定。作为用户参考，一般标签宽度为固定值 105mm，标签高度随数据要求而改变。

6.6 商品条码的印制与检测

6.6.1 商品条码的印制

商品条码的印制应该注意以下几个事项。

1. 条、空反射率与印刷对比度

在条码印制过程中，条、空反射率与印刷对比度是直接影响条码符号识读的重要因素。在条码设计时，除了参照条、空颜色外，还要注意一些特殊印刷载体本身的特性。如塑料膜、较薄的漏光材料、马口铁与铝箔。

2. 条码符号的截短

条码符号高度一般不应轻易截短，否则会降低解码概率，影响识读速度。GS1 有关资料指出：高度截短带来的识读困难是不容忽视的。由于生产厂家不可能预测自己生产的带有条码符号的产品会遇到何种扫描识读设备，因此，千万不能只顾自己方便而给销售商制造麻烦。

3. 左、右侧空白区

条码符号左、右空白区上有印迹与尺寸随意变窄也是印刷中常见的错误。轻易减少空白区尺寸，会造成扫描识读设备归零及判断开始识读位置的错误，从而造成条码符号的识读错误。条码设计者与印刷者都应重视这个问题。不得在印刷时改变条码胶片的角标的位置，即印刷条码的空白区的尺寸不得小于标准中规定的尺寸。

4. 印刷载体

大多数商品条码都直接印刷在商品包装上，因此，条码的印刷载体以纸张、塑料、马口铁、铝箔等为主。

6.6.2 商品条码的检测

商品条码是一种供扫描机器识读的特殊形式的代码。正确识读条码是条码应用的关键。因此，要正确识读条码，必须在条码印制或打印过程中进行条码质量检测,保证条码质量。商品条码检测的详细内容请参阅 GB/T 18348-2001。

1. 条码检测内容

条码检测的内容如下:
(1) 条码种类,如正确识别 EAN、CODE39、UPC 等通用条码;
(2) 译出条码内容;
(3) 印刷色差对比度 PCS;
(4) 条码的条、空宽度偏差;
(5) 左、右空白区;
(6) 模块尺寸;
(7) 校验码;
(8) 符号高度;
(9) 条、空反射率。

2. 通常的检测方式

通用检测(traditional verifier):直接给出上述检测内容的检测结果,由检测人员查询检测标准对比检测结果,判断检测的条码质量。

ANSI 检测:将上述检测内容经过检测计算,转换为质量等级 A～F,一般 A 级质量最好,F 级为不合格。出口美国的产品通常都要有 ANSI 检测结果。

原版胶片(film master)检测:除了对上述检测内容进行检测外,原版胶片还要检查每一条、空的尺寸精度,按国家标准精度高达 ±0.005mm,同时还要检测条宽的缩减量(BWR)。

条码试印样检测:应对试印样品进行技术检验,检测由经过培训的专门人员按照国家标准要求进行(不具检测能力的企业应送至法定条码质检机构进行检验),并形成检测报告。检验合格后,方可批量印刷。

3. 检验和试验

应建立条码印制质量检测制度,有检验原始记录和检验报告存档,并附有检测样品。不具检测能力的应送至法定条码质检机构进行检验,有相应送检记录和检测报告存档。具体如下:
(1) 应对条码印制原材料进行检验(进货检验),并形成记录;
(2) 应进行条码印刷适性试验,并形成报告;
(3) 应对条码试印样品进行检测,并形成记录;
(4) 应对完工的条码印制品进行抽样终检,并形成记录。

4. 条码印制和检测设备的控制

首先，条码印制设备应符合条码印制的精度要求。有检定合格记录、相应台账、运行和维护记录，确保印制设备符合条码印制的要求。

其次，条码检测设备应有国家法定检测机构的认可或经其标定。无检测设备的应有与国家法定条码质检机构的书面委托检测协议书。

6.7 商品条码系列标准介绍

为了便于物品跨国家和地区流通，适应物品现代化管理的需要，以及增强条码自动识别系统的相容性，各个国家、地区和行业都必须遵循国际标准制定的条码符号标准、使用标准和印刷标准。目前，有关商品条码的标准已出台很多。下面主要介绍三个重要的标准。商品条码的相关国家标准见表6-13。

1. GB12904-2003《商品条码》（代替 GB12904-1998）

原国家技术监督局于1991年批准发布了GB12904-1991《通用商品条码》推荐性国家标准。1998年对原标准进行了修订，并批准发布了GB12904-1998《商品条码》强制性国家标准。2003年对GB12904-1998《商品条码》强制性国家标准进行了修订，结合我国的实际情况，非等效于国际标准ISO/IEC15420：2000《信息技术—自动识别与数据采集技术—条码符号规范—EAN/UPC》，并参考《EAN·UCC通用规范》（2002年版），《商品条码》GB12904-2003于2003年5月1日实施。

2. GB/T 14257-2002《商品条码符号位置》

原国家技术监督局于1993年批准发布了GB/T 14257-2002《商品条码符号位置》推荐性国家标准，2002年对原标准进行了修订，并批准发布了GB/T 14257-2002《商品条码符号位置》推荐性国家标准。标准中本标准在技术内容上符合国际标准和国际规范的技术要求，同时也保证在我国应用的可行性和实用性。

3. GB/T 18348-2001《商品条码符号印制质量的检验》

GB/T 18348-2001《商品条码符号印制质量的检验》在技术内容上符合国际标准和国际规范的技术要求，同时也保证在我国应用的可行性和实用性。

表 6-13　　　　　　　　　　**商品条码的相关国家标准**

序号	标准代码	标准内容
1	GB/T 16986-2003	EAN·UCC 系统应用标识符
2	GB/T 14258-2003	信息技术 自动识别与数据采集技术 条码符号印刷质量的检验
3	GB/T 18284-2000	快速响应矩阵码
4	GB/T 12906-2001	中国标准书号条码
5	GB/T 16827-1997	中国标准刊号（ISSN 部分）条码
6	GB/T 18347-2001	128 条码
7	GB/T 17172-1997	四一七条码
8	GB/T 18283-2000	店内条码
9	GB/T 16830-1997	储运单元条码
10	GB/T 16829-1997	交插二五条码
11	GB/T 18127-2000	物流单元的编码与符号标记
12	GB/T 12905-2000	条码术语
13	GB/T 18348-2001	商品条码符号印制质量的检验
14	GB/T 18805-2002	商品条码印刷适性试验
15	GB/T 12908-2002	信息技术 自动识别和数据采集技术 条码符号规范 三九条码
16	GB/T 18785-2002	商业账单汇总报文
17	GB 12904-2003	商品条码
18	GB/T 15425-2002	GS1 系统 128 条码
19	GB/Z 19257-2003	供应链数据传输与交换
20	GB/T 19251-2003	贸易项目的编码与符号表示导则

第7章 条码应用系统设计与应用

条码技术以其便捷、准确等特性正逐步进入各应用领域。随着条码技术应用的日益广泛，用户对条码系统的应用给企业带来的效益更为重视。

7.1 条码应用系统设计

条码应用系统的设计可分为四个阶段，即系统分析、系统设计、系统实施以及系统评价。

系统分析主要是对项目（用户）背景和目的进行调查分析，提出要解决的问题，确定系统方案。系统设计是对系统方案进行设计，为将来系统的实施提供依据，设计的方案一定要符合系统分析提出的目标。系统实施是将设计的方案进行部署，即对设计的内容进行实际调试。在调试中发现问题，反复修改，直到系统正常运行。系统评价是审查系统是否符合提出的要求，其可靠性如何，提供给用户的资料是否齐全，输入输出的格式是否完善，系统的扩展性如何，用户对系统实施的满意度等。

从概念上看，一个信息处理系统由四大部分组成，即信息源、信息处理器、信息用户和信息管理者，见图7-1。

图7-1 管理信息系统的总体构成

条码技术应用于信息处理系统中，使信息源（条码符号）→信息处理器(条码识读终端、计算机)→信息用户(使用者)的过程自动化,不需要更多的人工介入,这将大大提高许多计算机管理信息系统的实用性。

7.1.1 条码应用系统的组成

条码应用系统就是将条码技术应用于某一信息管理系统中,充分发挥条码技术的优点,使应用系统更加完善。条码应用系统一般由图 7-2 所示的几部分组成。

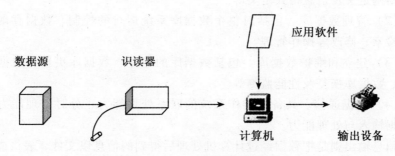

图 7-2 条码应用系统的组成

数据源标志着客观事物的符号集合,是反映客观事物原始状态的依据,其准确性直接影响着系统处理的结果。因此,完整准确的数据源是正确决策的基础。在条码应用系统中,数据源是用条码表示的,如图书管理中图书的编号、读者编号、商场管理中货物的代码等。目前,国际上有许多条码码制,在某一应用系统中,选择合适的码制是非常重要的。

条码识读器是条码应用系统的数据采集设备,它可以快速准确地捕捉到条码表示的数据源,并将这一数据送给计算机处理。随着计算机技术的发展,其运算速度、存储能力有了很大提高,而计算机的数据输入却成了计算机发挥潜力的一个主要障碍。条码识读器较好地解决了计算机输入中的"瓶颈"问题,大大提高了计算机应用系统的实用性。

计算机是条码应用系统中的数据存储与处理设备。由于计算机存储容量大,运算速度快,使许多繁冗的数据处理工作变得方便、迅速、及时。计算机用于管理,可以大幅度减轻劳动者的劳动强度,提高工作效率,在某些方面还能完成手工无法完成的工作。条码技术与计算机技术的结合,使应用系统从数据采集到处理分析构成了一个强大协调的体系,为国民经济的发展起到了重要的作用。

应用软件是条码应用系统的一个组成部分。它是以系统软件为基础，为解决各类实际问题而编制的各种程序。应用程序一般是用高级语言编写的，把要被处理的数据组织在各个数据文件中，由操作系统控制各个应用程序的执行，并自动地对数据文件进行各种操作。程序设计人员不必再考虑数据在存储器中的实际位置，为程序设计带来了方便。在条码管理系统中，应用软件包括以下功能：

（1）定义数据库。包括全局逻辑数据结构定义、局部逻辑结构定义、存储结构定义及信息格式定义等。

（2）管理数据库。包括对整个数据库系统运行的控制、数据存取、增删、检索、修改等操作管理。

（3）建立和维护数据库。包括数据库的建立、数据库更新、数据库再组织、数据库恢复及性能监测等。

（4）数据通信。具备与操作系统的联系处理能力、分时处理能力及远程数据输入与处理能力。

信息输出则是把数据经过计算机处理后得到的信息以文件、表格或图形方式输出，供管理者及时、准确地掌握这些信息，制定正确的决策。

开发条码应用系统时，组成系统的每一环节都影响着系统的质量。

7.1.2 条码应用系统的构成设计

条码应用系统的一般运作流程如图 7-3 所示。

图 7-3 条码系统处理流程

根据上述流程，条码系统主要由下列元素构成。

1）条码编码方式的选择

在设计条码应用系统时，码制的选择是一项十分重要的内容。选择合适的码制会使条码应用系统充分发挥其快速、准确、成本低等优势，达到事半功倍的目的。影响码制选择的因素很多，如产品管理、物流的需求、识读设

备的精度、识读范围、印刷条件及条码字符集中包含字符的个数等。在选择码制时,通常遵循以下原则:

(1) 优先使用国家标准的码制

必须优先从国家(或国际)标准中选择码制。如通用商品条码(EAN条码),它是一种在全球范围内通用的条码,所以在商品上印制条码时,不得选用 EAN/UPC 码制以外的条码,否则无法在流通中通用。为了实现信息交换与资源共享,对于已制定为强制性国家标准的条码,必须严格执行。在没有合适的国家标准供选择时,需参考一些国外的应用经验。有些码制是为满足特定场合实际需要而设计的,如库德巴条码,它首先应用于图书馆行业,继而发展于医疗卫生系统。国外的图书情报、医疗卫生领域大都采用库德巴条码,并形成了一套行业规范,所以在图书情报和医疗卫生系统最好选用库德巴条码。贸易项目的标识、物流单元的标识、资产的标识、位置的标识、服务关系的标识和特殊应用等六大应用领域大多采用 EAN·UCC 系统128 码。

(2) 匹配条码字符集

条码字符集的大小是衡量一种码制优劣的重要标志。码制设计者在设计码制时,往往希望自己的码制具有尽可能大的字符集及尽可能少的替代错误,但这两点是很难同时满足的。因为在选择每种码制的条码字符构成形式时,需要考虑自检验等因素。每一种码制都有特定的条码字符集,所以系统中所需的代码字符必须包含在要选择的字符集中。如用户代码为"5S12BC",可以选择 39 条码,但不能选择库德巴条码。

(3) 适应印刷面积与印刷条件

在数量大、标签格式及内容固定的标签印刷时,当印刷面积较大时,可选择密度低、易实现印刷精确的码制,如 25 条码、39 条码;反之,若印刷条件允许,可选择密度较高的条码,如库德巴条码。当印刷条件较好时,可选择高密度条码;反之,则选择低密度条码。一般来讲,谈到某种码制的密度的高低是针对该种码制的最高密度而言的,因为每一种码制都可做成不同密度的条码符号。问题的关键是如何在码制之间或一种码制的不同密度之间进行综合考虑,使自己的码制选择、密度选择更科学,更合理,以充分发挥条码应用系统的优越性。

(4) 适应识读设备

每一种识读设备都有自己的识读范围,有的可同时识读多种码制,有的只能识读一种。所以,应在现有识读设备的前提下考虑如何选择码制,以便与现有设备相匹配。

（5）尽量选择常用码制

一般条码应用系统是封闭系统，考虑到设备的兼容性和将来系统的升级，最好选择常用码制。当然对于一些保密系统，用户可选择自己设计的码制。

需要指出的是，任何一个条码系统在选择码制时都不能顾此失彼，需根据以上原则综合考虑，择优选择，以达到最好的效果。

2）设备选型

（1）条码打印机

专门用来打印条码标签的打印机大部分是应用在工作环境较恶劣的工厂中，而且必须能超负荷长时间的工作。所以在设计时，要特别重视打印机的耐用性和稳定性，以至其价格会比一般打印机高。各式特殊设计的纸张可供一般的激光打印机及点阵式打印机印制条码。大多数条码打印机是属于热敏式或热敏/热转式两种。

此外，一般常用的打印机也可打印条码，其中以激光打印机的品质最好。目前，彩色打印机已相当普遍，但条码在打印时颜色的选择是十分重要的，一般是以黑色为条色；如果无法使用黑色时，可利用青色、蓝色或绿色系列取代。而底色最好以白色为主，如果无法使用白色时，可利用红色或黄色系列取代。条、空颜色的搭配应遵循有关国家标准。

（2）条码识读器

条码识读器是用来扫描条码、读取条码所代表的字符、数值及符号的设备。其原理是：由光源发出的光线经过光学系统照射到条码符号上面，被反射回来的光经过光学系统成像在光电转换器上，使之产生电信号，信号经过电路放大后产生一模拟信号，它与照射到条码符号上被反射回来的光成正比，再经过滤波、整形，并转换成与模拟信号相对应的数字方波信号，经译码器解释为计算机可以直接接受的数字信号。选择什么样的识读器是一个综合问题。目前，国际上从事条码技术产品开发的厂家很多，提供给用户选择的条码识读器种类也很多。一般来讲，开发条码应用系统时，选择条码识读器可以从如下几个方面来考虑。

● 适用范围

条码技术应用在不同的场合，应选择不同的条码识读器。开发条码仓储管理系统，往往需要在仓库内清点货物，相应地要求条码识读器能方便携带，并能把采集的信息暂存下来，而不局限于在计算机前使用。因此，选用便携式条码识读器较为合适。在生产线上使用条码识读器时，一般需要在生产线的某些固定位置安装条码识读器，而且生产线上的零部件应与条码识读器保持一定距离。在这种场合，选择固定式条码识读器比较合适，如工业级台式条码识读器。在会议管理系统和企业考勤系统中，可选用卡槽式条码识读器，需要签到登记的人员将印有条码的证件刷过识读器卡槽，识读器便自动扫描给出阅读成功信号，从而实现实时自动签到。当然，对于一些专用场合，还可以开发专用条码识读装置以满足需要。

- 译码范围

译码范围是选择条码识读器的又一个重要指标。目前，各厂家生产的条码识读器其译码范围有很大差别，有些识读器可识别几种码制，而有些识读器可识别十几种码制。正如第一部分介绍的那样，开发某一种条码应用系统应选择对应的码制，同时，在为该系统配置条码识读器时，要求识读器具有正确识读码制符号的功能。在物资流通领域中，往往采用 UPC/EAN 码。在血员、血库管理系统中，医生工作证、鲜血证、血袋标签及化验试管标签上都贴有条码，工作证和血袋标签上可选用库德巴条码或 39 条码，而化验试管由于直径小，应选用高密度的条码，如交插 25 条码。这样的管理系统配置识读器时，要求识读器既能阅读库德巴条码或 39 条码，也能阅读交插 25 条码。在邮电系统内，我国目前使用的是交插 25 条码，选择识读器时，应保证识读器能正确阅读码制的符号。一般来说，作为商品出售的条码识读器都有一个阅读几种码制的指标，选择时，应注意是否能满足要求。

- 接口能力

识读器的接口能力是评价识读器功能的一个重要指标，也是选择识读器时重点考虑的内容。目前，条码技术的应用领域很多，计算机的种类也很多。开发应用系统时，一般是先确定硬件系统环境，而后选择适合该环境的条码识读器。这就要求所选识读器的接口方式应符合该环境的整体要求。通用条码识读器的接口方式有如下几种。

串行通信：当使用中小型计算机系统，或者数据采集地点与计算机之间的距离较远时，可通过串行口实现条码识读器与计算机之间的通信。由于机型、系统配置的差别，串行口数据通信的协议也不同，因此，所选识读器应具有通信参数的设置功能。

键盘仿真：键盘仿真是通过计算机的键盘口将识读器采集到的条码信息输送给计算机的一种接口方式，也是一种常用的方式。计算机终端的键盘也有多种形式。因此，如果选择键盘仿真，应注意应用系统中计算机的类型，同时注意所选识读器是否能与计算机相匹配。

USB 接口方式：USB 的全称是 universal serial bus，即通用串口总线。USB 接口具有支持热插拔、即插即用以及通用程度高、不受计算机系统配置不同的限制等优点，所以 USB 接口已经逐步成为识读器最主要的接口方式。

- 对首读率的要求

首读率是条码识读器的一个综合性指标，它与条码符号的印刷质量、译码器的设计和光电扫描器的性能均有一定关系。在某些应用领域，可采用手持式条码识读器由人来控制对条码符号的重复扫描，这时对首读率的要求不太严格，它只是工作效率的量度。而在工业生产、自动化仓库等应用中，则要求有更高的首读率。条码符号载体在自动生产线或传送带上移动，并且只有一次采集数据的机会，如果首读率不能达到百分之百，将会发生丢失数据的现象，造成严重后果。因此，在这些应用领域中，要选择高首读率的条码识读器，如 CCD 扫描器等。

- 条码符号长度及方向的影响

条码符号长度是选择识读器时应考虑的一个因素。有些光电扫描器由于制造技术的影响，规定了最大扫描尺寸，如 CCD 扫描器、移动光束扫描器等均有此限制。有些应用系统中，条码符号的长度是随机变化的，如图书的索引号、商品包装上条码符号的长度等。因此，在变长度的应用领域中，选择识读器时应注意条码符号长度的影响。另外，生产线、传送带、仓库等领域中条码的识读具有方向不确定性，所以是否具有全向扫描功能也是选择识读器时需要考虑的一个因素。

- 识读器的价格

选择识读器时，其价格也是关心的一个问题。识读器由于其功能不同，价格也不一致，因此在选择识读器时，要注意产品的性能价格比，应以满足应用系统要求且价格较低作为选择原则。

- 特殊功能

有些应用系统由于使用场合的特殊性，对条码识读器的功能有特殊要求。如会议管理系统，会议代表需从几个入口处进入会场，签到时，不可能在每个入口处放一台计算机，这时就需要将几台识读器连接到一台计算机上，使每个入口处识读器采集到的信息送给同一台计算机，因而要求识读器具有联网功能，以保证计算机准确接收信息并及时处理。当应用系统对条码识读器有特殊要求时，应进行特殊选择。

7.2 条码应用

随着计算机技术的发展,条码已经日益广泛地应用于商业、工业、仓储、物流等领域。

7.2.1 条码在超市管理中的应用

条码在商业领域中主要应用于超市、商场等场所。尤其是大型超市,由于大型超市货物种类多,数量大,商品流通快,传统的人工管理模式已不能适应管理的要求。条码技术应用于超市管理系统,提高了超市管理的效率,给超市带来了经济效益,目前其应用已经相当广泛。

1. 商品流通的管理

超市中的商品流通包括收货、入库、点仓、出库、查价、销售、盘点等,具体操作如下。

1) 收货

收货部员工手持无线手提终端,通过无线网与主机连接的无线手提终端上已有此次要收的货品名称、数量、货号等资料,通过扫描货物自带的条码,确认货号,再输入此货物的数量,无线手提终端上便可马上显示此货物是否符合订单的要求。如果符合,便把货物送到入库步骤。

2) 入库和出库

入库和出库其实是仓库部门重复以上的步骤,增加这一步只是为了方便管理,落实各部门的责任,也可防止有些货物收货后需直接进入商场而不入库所产生的混乱。

3) 点仓

点仓是仓库部门最重要也是最必要的一道工序。仓库部员工手持无线手提终端(通过无线网与主机连接的无线手提终端上已经有各货品的货号、摆放位置、具体数量等资料)扫描货品的条码,确认货号和数量,所有的数据都会通过无线网实时性地传送到主机。

4) 查价

查价是超市的一项繁琐的任务。因为货品经常会有特价或调整的时候,混乱也容易发生,所以售货员手提无线手提终端,腰挂小型条码打印机,按照无线手提终端上的主机数据检查货品的变动情况,对应变而还没变的货品,马上通过无线手提终端连接小型条码打印机打印更改后的全新条码标签,贴于货架或货品上。

5)销售

销售是超市的命脉,主要是通过对产品条码的识别而体现等价交换。POS 系统(point of sale,销售点管理系统)是目前使用广泛的商业管理系统。它利用现金收款机作为终端机与主计算机相联,并借助于光电识读设备为计算机录入商品信息。当带有条码符号的商品通过结算台扫描时,商品条码所表示的信息就被录入到计算机,计算机从数据库文件中查询该商品的名称、价格等,并经过数据处理,打印出收据。POS 系统的组成结构见图 7-4。

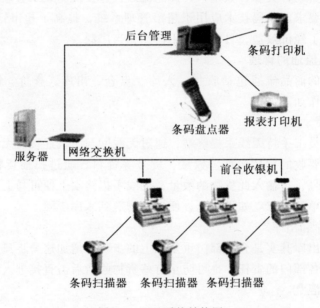

图 7-4 POS 系统结构图

6)盘点

盘点是超市收集数据的重要手段,也是超市必不可少的工作。以前的盘点必须暂停营业来进行手工清点,期间对生意的影响及对公司形象的影响之大无可估量。直至现在,还有的超市是利用非营业时间要求员工加班加点进行盘点,这只是小型超市的管理模式,也不适合长期使用,而且盘点周期长,效率低。作为世界性大型超市的代表,其盘点方式已进行必要的完善,主要分为抽盘和整盘两部分。抽盘是指每天的抽样盘点。每天分几次,电脑主机将随意指令售货员到几号货架、清点什么货品。售货员只需手拿无线手提终端，按照通过无线网传输过来的主机指令到几号货架扫描指定商品的条码，确认商品后，对其进行清点，然后把资料通过无线手提终端传输至主机，主机再进行数据分析。整盘顾名思义就是整店盘点，是一种定期的盘点，超市分成若干区域，分别由不同的售货员负责，也是通过无线手提终端得到主机上的指令，按指定的路线、指定的顺序清点货品，然后，不断把清点资料传输回主机，盘点期间根本不影响超市的正常运作。因为平时做的抽盘和定期的整盘加上所有的工作都是实时性地和主机进行数据交换的，所以主机上资料的准确性十分高，整个超市的运作也一目了然。

2. 客户的管理

使用条码对客户进行管理主要应用在会员制超市中。通常，各超市的流程如下：新的客户要到会员制超市购物，必须先到客户服务中心填好入会表格，服务中心马上通过 NBS 条码影像制卡系统为客户照相，并在 8s 内把条码影像会员卡发到客户手上。卡上将有客户的彩色照片、会员编号、编号条码、入会时间、类别、单位等资料。客户凭卡进入超市选购货物，在结账时，必须出示此会员卡，收款员通过扫描卡上的条码确认会员身份，并可把会员的购货信息储存到会员资料库，方便以后使用。在会员制超市，使用条码卡进行管理的主要优点是成本低、效率高、资料准确。

3. 供应商管理

使用条码对供应商进行管理，主要是要求供应商的供应货物必须有条码，以便进行货物的追踪服务。供应商必须把条码的内容含义清晰地反映给超市，超市将通过货品的条码进行订货。

4. 员工的管理

使用条码对员工进行管理，主要是应用在行政管理上。作为超市，能利用超市已有的设备运用到行政管理上，实是明智之举。超市将会用已有的 NBS 条码影像制卡系统为每个员工制出一张员工卡，卡上有员工的彩色照片、员工号、姓名、部门、ID 条码及各项特有标记。员工必须在每天工作时间内佩带员工卡，并使用员工卡上的条码配合考勤系统作考勤记录，而员工的支薪、领料和资料校对等需要身份证明等部门都配上条码扫描器，通过扫描员工卡上的 ID 条码来确定员工的身份。

条码作为一种信息载体，已普遍应用在生活中，作为现代的大型超市，充分利用条码技术进行管理势在必行，再配合先进的电脑技术及自动识别技术，定会提高超市的管理层次，使超市的行政架构得以精简，减少工作强度及人力。清晰货品的进、销、存和流向等资料对稳定超市的季节性变化至关重要，而产品资料的实时性收集更会加快超市的运作频率，精确超市的各项数据报告。所以，懂得充分利用先进的条码技术进行全面的超市管理，才是现今中国零售业的一个重要课题。

5. 条码码制选择

商业领域中的条码码制以商品条码为主，商品条码具有唯一性、稳定性、无含义性等特征，在世界范围内广泛应用，各国也有相关的标准和法规规范商品条码的应用，因此，商业领域内条码应用系统设计中码制的选择应首选商品条码。在一些不适用商品条码的场合或情况下，如不定量包装的商品、即时称量的商品，可以使用店内条码，店内条码的技术标准可参见 GB/T18283-2000。

6. 对条码在超市管理中应用的评价

将条码应用于超市管理系统中，对超市的管理工作有如下作用：

（1）以 POS 机作为前台销售的工具，在提高收款速度、减轻收款员的劳动强度、减少工作差错、方便顾客的同时，作为系统的数据采集设备，为后台管理提供完整的第一手销售数据。

（2）利用条码技术和商品本身的条码（ENA13 码），在商品销售、商品流转和商品盘点的各环节中，采取条码自动扫描设备，迅速、准确地识别商品，以加快商品流转的速度，提高信息处理的准确性。

（3）以计算机作为信息处理与信息存储的工具，实现商品进货、销售、调拨、库存各流通环节的信息处理自动化。

（4）利用计算机通信技术和网络技术实现分店和配送中心之间的数据传送，以便及时掌握各分店的销售及库存，同时可以实现调拨单、订货单等信息的迅速传递。

（5）将现代化的信息处理工具和先进的管理方法相结合，进行动态的统计分析，以便及时掌握商品经营信息，发现经营管理中存在的问题，为各级管理人员提供辅助决策信息。

（6）通过 POS 系统的投入使用，进一步完善管理体制、优化信息流程、提高人员的素质，使企业的管理更上一个台阶。

（7）通过及时掌握商品进、销、调、存各流通环节的信息，以减少库存资金占用、降低商品损耗、加快资金流转、杜绝舞弊行为等，最终给企业带来直接经济效益。

（8）通过导入 POS 系统，改善购物环境，改进服务质量，提高企业形象，给企业带来间接的经济效益。

7.2.2 条码应用系统在仓库管理中的应用

仓储在企业的整个供应链中起着至关重要的作用,如果不能保证正确的进货和库存控制及发货,将会导致管理费用的增加,服务质量难以得到保证,从而影响企业的竞争力。很多企业仓库管理还是停留在手工操作的基础上,所有的出入仓数据都得由仓管员逐个录入数据,这种仓库管理作业方式严重影响工作效率,许多出入库数据不能在系统中及时得到更新,在系统管理上也没有实现有效的库位管理。为了避免上述弊端带来的不利影响,很多企业采用条码化仓库管理,即在仓库管理中引入条码技术,对仓库的到货检验、入库、出库、调拨、移库移位、库存盘点等各个作业环节的数据进行自动化的数据采集,保证仓库管理各个作业环节数据输入的效率和准确性,确保企业及时准确地掌握库存的真实数据,合理保持和控制企业库存。通过科学的编码,还可方便地对物品的批次、保质期等进行管理。

1. 条码仓库管理系统流程及各环节效益介绍

1) 入库

指定货物被运送到仓库,仓库的人员按单验收货品,在这一个环节发生极少的错误,但都会使库存不准确及可能引发后段物流环节的其他错误。采用手持终端条码数据采集器,可以快速、准确地完成收货数据采集。在收货时,操作人员按照单据内容,使用手持终端扫描或输入货品条码及实收数量。数据保存到仓库管理系统,仓库人员或管理人员可以查询相关收货数据。如图 7-5 所示。

入库采用条码系统的效益:

(1) 无纸化的收货操作;

(2) 检查货单和收货货品的差别,确保所收货品和数据的正确性;

(3) 方便于保存相应数据上传回 PC 机上供更新和查询;

(4) 快捷操作,提高工作效率。

2) 出库

仓库人员按单据的需要在指定的货位进行拣货,并将所发的货送到公共发货区,使用数据采集终端扫描货品货位及货品条码,输入实发货品数量(如果所发的货品与出库单号数理不相符时,终端自动显示及报警提示,避免错误操作),仓库人员或管理人员可以查询相关发货数据。如图 7-6 所示。

出库采用条码系统的效益:

(1) 通过手持终端验对能及时进行补码的发货操作;

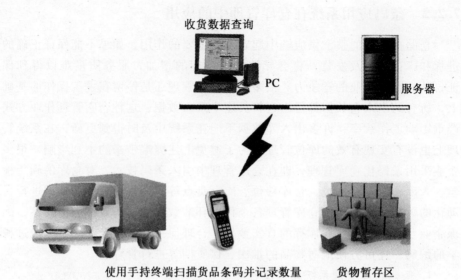

图 7-5 入库流程

（2）检查货单和发货货品的差别，确保所收货品和数据的正确性；

（3）方便于保存相应数据上传回 PC 机上供更新和查询；

（4）记录完成发货时间，方便统计员工的工作效率。

3）盘点

盘点是定期或不定期地对仓库的货品进行清点，比较与实际库存及数据统表单的差异，提高库存数据的准确性。系统可以根据仓库区域生成盘点的计划，仓管人员使用手持终端盘点机在指定仓库区对于货位的货品进行盘点：扫描货位条码、货品条码，并输入货品盘点数量。所有货品盘点完毕后，即可获得实际库存数量，同时产生系统库存与实际库存的差异报表。如果库存差异在可以接受的范围内及管理人员确认后，系统按盘点结果更新库存数据，否则需要复盘处理。如图 7-7 所示。

盘点采用条码系统的效益：

（1）无纸化的盘点操作；

（2）扫描货位条码，快速检查货架上的货品库存信息；

（3）保证系统的库存与实际库存的一致性；

（4）准确的库存数据可增加库存的周转，降低运营成本。

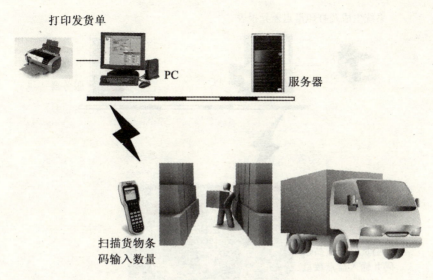

图 7-6　出库流程

2. 条码在仓库管理中的作用

1) 对库存品进行科学编码,并列印库存品条码标签。

根据不同的管理目标(如要追踪单品还是实现保质期/批次管理)对库存品进行科学编码,在科学编码的基础上,入库前,列印出库存品条码标签,以便于后续仓库作业的各个环节进行相关数据的自动化采集。

2) 对仓库的库位进行科学编码,并用条码符号加以标识,实现仓库的库位管理。

仓库的库位管理有利于在大型仓库或多品种仓库中快速定位库存物品所在的位置,有利于实现先进先出的管理目标及仓库作业的效率。

3) 使用带有条码扫描功能的手持数据终端进行仓库管理。

对于大型的仓库,由于仓库作业无法在计算机旁直接作业,可以使用手持数据终端先分散采集相关数据,后把采集的数据上载到计算机系统集中批量处理。此时给生产现场作业人员配备带有条码扫描功能的手持数据终端,进行现场的数据采集。同时在现场也可查询相关信息,在此之前,会将系统中的有关数据下载到手持终端中。

4) 数据的上传与同步。

将现场采集的数据上传到仓库管理系统中,自动更新系统中的数据。同

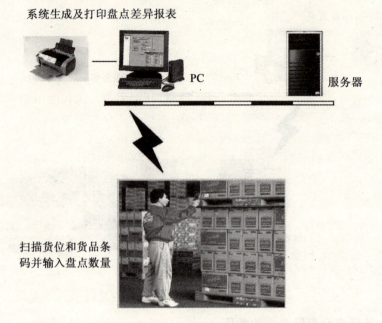

图 7-7　仓库盘点示意

时也可以将系统中更新以后的数据下载到手持终端中，以便在现场进行查询和调用。

3. 条码仓库管理系统的整体效益

将条码应用于仓库管理系统，入库、出库、盘点等环节使用条码技术，增强了数据可靠性，使出错率降低，以至近乎为零出错，减少人为的错误输入，增加了库存的准确率，提高了员工的工作效率，使物流环节速度更快，效率更高。

条码管理系统能够提供库存情况和各种当前和历史事务的统计报表，为决策者提供准确、有价值的信息，数据交换接口的连通增强了企业现有应用系统的管理。

条码技术无纸化的操作减少了纸张的开销，降低了库存成本，有效的库存管理和控制能够有效地利用库存空间，降低运营成本，减少额外的采购，同时保证库存量满足客户订货或生产计划的需要。

7.2.3 条码技术在农产品跟踪与追溯中的应用

食品安全关系国计民生,已经成为食品供应链中的一个关键因素,是近年来国内外普遍关注的热门话题。为了提高食品安全,避免通过食品传染疾病,以及控制人们摄取食品中的有害物质,需要建立一套行之有效的跟踪体制和快速预警系统。这不仅是全面建设和谐社会、提高人民生活质量对食品安全提出的要求,也是参与全球竞争、应对技术壁垒的需要。

由于我国食品生产、经营的基础设施薄弱,食品生产、经营者的法律意识和食品卫生意识淡薄,加上我国当前存在着比较严重的环境污染问题,农药、兽药滥用,得不到有效的管理,导致农产品和畜产品农药、兽药残留和污染问题严重,特别是掺杂使假等不法行为更使食品安全雪上加霜。食品生产、加工、贮藏、运输、销售等环节的危害分析与关键点控制等技术的落后,一直是制约解决食品安全问题的瓶颈。

1. 跟踪与追溯

跟踪(tracking)是指从供应链的上游至下游跟随一个特定的单元或一批产品运行路径的能力(如图 7-8 所示)。对于水果、蔬菜等农产品,是指从农场到 POS 零售跟踪蔬菜、水果的能力。

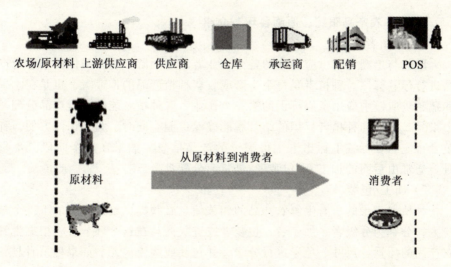

图 7-8 产品跟踪

追溯(tracing)是指从供应链下游至上游识别一个特定的单元或一批产

品来源的能力,即通过记录标识的方法回溯某个实体来历、用途和位置的能力(如图 7-9 所示)。对于水果、蔬菜等农产品,是指从 POS 零售到农场追溯蔬菜、水果的能力。

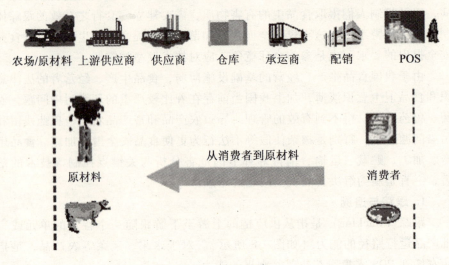

图 7-9 产品追溯

2. 对鲜农产品跟踪、追溯各环节介绍

1)种植者

跟踪与追溯要求供应链中的各个作业者采用上游参与方提供的信息对产品进行标签标注。种植者是每个生产或收获种植产品的作业者,也是在水果和蔬菜供应链中应用条码标识的第一个作业者。种植者能够为其产品分配一个批号,批号和种植者标识的结合就能确保追溯。同时,为了识读方便,种植者也应当在标签上标出人工可识读的产品信息。如果在这个阶段分配批号,通常由后面的加工者/包装者/进货商分配批号。

2)加工/包装

种植者记录的所有生鲜农产品的相关信息必须提供给供应链的下一个参与方,分别为分级者、加工者、包装者或进货商。在这个环节,将根据生鲜农产品的质量、尺寸、色彩进行分级,并包装成物流单元。如果种植者具备了分级和包装的能力,这项工作也可以由种植者完成(见图 7-10)。

如果存在多个分类和包装阶段,所有与原产地相关的数据以及水果、蔬菜的属性信息必须在各个阶段都可利用,至少要保障人工可识读的信息。

根据供应链中前一个环节参与方提供的数据，可以生成所需信息的产品标签。加工/包装阶段分为箱/盒标签和托盘标签两种标签。

图 7-10　蔬菜包装

（1）用于包装箱/包装盒（定量）上的标签说明

数据可以通过使用 GS1 系统应用标识符，以条码的方式表示和传输。如果仅仅用于分销包装，所有数据可通过 EAN/UCC-128 条码符号来表示与传输。如果包装还用于 POS 零售，GTIN（全球贸易项目代码）将采用 EAN-13 条码表示，其他数据则采用一个 EAN/UCC-128 条码表示。

（2）用于托盘/物流单元级别的标签说明

物流单元标签用于相同项目种类的托盘和不同项目种类托盘的标签标注。

对于包含相同项目种类的托盘，如一个具有由相同 GTIN 代码、相同批号、尺寸等参数的产品构成的托盘，以 EAN/UCC-128 条码表示。

对于包含不同项目种类的托盘，如不同的 GTIN 和/或不同的种植者等，可以将这些信息记录在数据库中，以便在后面的阶段通过 SSCC 或一个内部的批号跟踪托盘上单个产品的来源。

3）分销/零售

对于所有零售单元，必须要有一个用 EAN-13 条码表示 GTIN，以便用于 POS 扫描。对于重量不变的产品（每个包装的重量相同），采用 EAN-13 即可。

对于变量的零售单元（每个包装的重量不同），为了 POS 扫描，可以采用店内条码。条码中应包含重量、数量或价格信息，最后一位是校验位。店内条码的编码方式可参见 GB/T 18283-2000《店内条码》。

3. 跟踪与追溯的实施

在食品跟踪系统中，对产品及其属性以及参与方的信息进行有效标识是基础，对相关信息的获取、传输以及管理是成功开展食品跟踪的关键。实施产品跟踪与追溯，要求系统具有可靠、快速、精确、一致的特点，有效地建立起食品安全的预警机制。

1）供应链参与方就实施食品跟踪与追溯要求达成一致

农产品供应链中的所有参与方应各负其责地提供正确的条码数据信息，确保记录与维护这些信息的安全、可靠和准确。

进行食品跟踪与追溯要求在食品供应链中的每一个加工和包装环节，不仅要对加工成的产品进行标识，而且要采集所加工产品原料已有的标识信息，并将其全部信息标识在加工成的产品上，以备下一个加工者/包装者/进货商使用，这是一个环环相扣的链条，任何一个环节断了，整个链条就脱节了，所以需要供应链所有参与方就实施食品跟踪与追溯要求达成一致，结成战略联盟。

2）确定食品供应链全过程中跟踪追溯信息

建立各个环节信息管理、传递和交换的方案，从而对供应链中食品的原料、加工、包装、贮藏、运输、销售等环节进行跟踪与追溯，及时发现存在的问题，进行妥善处理。对供应链中各环节中所需的信息是根据国际上通行的做法设计的，其中包括产品及其属性信息、参与方信息等。

3）建立有效的信息系统

通过生鲜农产品供应链中的所有参与方在信息交换、管理等方面的合作，实现食品安全跟踪与追溯。在进行跟踪与追溯的整个过程中，供应链中所有的参与方需要就彼此之间交换信息的内容、表述和形式达成一致，交换的数据需要标准化。

对数据交换，跟踪与追溯需要将产品的物流和信息交换联系起来，为了确保信息流的连续性，每一个供应链的参与方必须将预定义的可跟踪数据传递给下一个参与方，使后者能够应用可跟踪原则。在采用的技术方面，包括电子数据交换（增值网或 Internet）等。

供应链中各参与方需要就有关数据保存期限达成一致,一般说来,数据文件的期限应当比产品的生命周期要长。

在发生产品质量问题时,这些问题可以在供应链中的不同环节由消费者、分销商或上游供应商发现,主要步骤如下:

(1) 发现质量问题;
(2) 传递发现问题的有关信息;
(3) 确定有关供应商的原因和/或信息;
(4) 确定有关的批号,要么在库存中或者运输中,或者已经发出去了;
(5) 确定其他有同样质量问题的批号,并采取纠正行动。

在食品供应链中,信息系统主要有三个显著的功能:信息的获取、信息的传递、信息的管理。在实际操作过程中,需要注意以下几点:可信性、速度、准确性、一致性和风险。

4. 对信息的标识

通过 GS1 系统可以对供应链全过程的每一个节点进行有效的标识,条码是相关信息的载体,通过扫描可以获取各个节点的有关数据编码信息,包括全球贸易项目代码(GTIN)、属性代码(如批次、有效期、保质期等)、全球位置码(GLN)、物流单元标识代码(SSCC-18)、储运单元标识代码(ITF-14)等。扫描标签上的条码可以实时地采集数据。

7.2.4 票务系统中手机二维条码的应用

随着第三代移动通信(3G)时代的到来,手机功能增多,为条码的应用提供了更加广阔的空间,手机条码阅读引擎的开发使二维条码以手机为载体,拓展到移动通信行业。手机阅读条码正成为创造全新通信方式的桥梁,成为生活中多用途、多功能的贴身工具。手机二维条码阅读引擎是一种支持手机扫描、识别二维条码的软件。带摄像头的手机只要内置或下载二维条码阅读引擎后,就可以通过扫描物品上的二维条码,解读二维条码内所隐含的信息,畅享二维条码所带来的便利。同时,手机的图片传输和显示功能能够接收到二维条码信息,这样,手机就可以作为一个二维条码的载体,用户通过扫描器对自己手机中的二维条码进行识别,实现票务、门禁、身份标识等系统的功能。这就是人们通常所说的手机二维条码。

在票务系统中,在大多数情况下,票据只是一种享受服务的权利凭证。票务系统主要应用在演出票务系统、交通票务系统、大型主题活动等。在票务系统中,票的应用具有一次使用、唯一存在、使用时间短暂等特点。尤其是演出票务系统、交通票务系统更是要求具备辨别时间短、防伪等特点。

传统票务应用的"票"一直以来以纸质、塑料等其他物质形式存在，同时售票、验票、退票等过程要求必须由人来完成，由于传统票务应用过程中人为操作或干预过程过多，传统票务系统本身的特点存在以下弊病：

（1）售票、验票效率低，尤其针对大型主题活动等待时间太长；

（2）退票手续极其繁琐，买时容易，退时难；

（3）购票网点太少，购票非常不方便；

（4）票携带不方便，一旦丢失无法补办；

（5）票务公司为了广泛地推广票务销售，提高客户服务质量，需要增加销售网点，从而造成相应人力、物力、财力成本的增加；

（6）假票猖狂，需要投入更多成本于票务防伪和检验。

随着市场竞争的加剧，加上国外票务系统公司先进技术和成熟管理模式的引进，同时为了进一步满足客户的需求，提高服务质量，众多票务公司都纷纷引进新技术、新手段优化有效地提高对外的服务质量，规范工作流程。手机条码票务系统就是其中之一。

手机条码票务系统的特点是：以手机条码代替传统票据，以移动通信平台为依托，通过条码阅读设备对手机条码的阅读来获取相应的信息，从而方便地确认使用者的身份，解决了传统票务的一系列弊病。它被广泛应用于网络购物、电子票据、会员卡、电子支付等领域。

手机条码是以手机短信的方式将条码发送到手机上，并显示在手机液晶屏幕上的条码新形式。这是一种快速、便捷的以确认使用者身份为目的的无纸化扫描新形式，通过条码阅读设备对手机条码的阅读来获取相应的信息，从而方便地确认使用者的身份。它可以被广泛应用于网络购物、电子票据、会员卡、电子支付等领域，为这些领域健康快速的成长和发展提供了新的推进作用。

项目实施过程中涉及的硬件设备包括手机（需要支持 WAP 服务）和手机条码阅读器。手机通过访问移动通信平台，获取电子门票信息，同时，移动通信平台根据手机验证信息反馈给手机一个电子二维条码。当用户在检票处出示手机上的二维条码时，系统通过条码阅读器识读条码信息，并对信息进行验证，验证通过后，系统将从手机账户上自动扣取相关费用。系统流程如图 7-11 所示。

由于票务系统中条码需要承载的信息量较大，并且考虑到读取速度以及能否全向读取的问题，票务系统中手机条码普遍采用 QR、Data Martix 等二

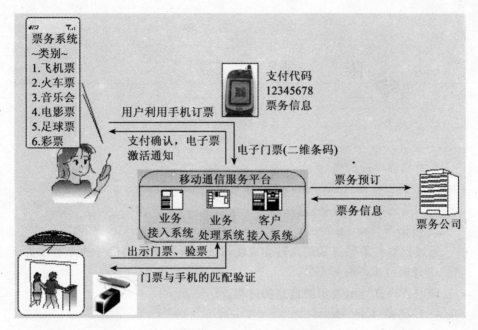

图 7-11 手机条码票务系统流程图

维条码。尤其是 QR 条码,由于其读取速度快,表示汉字效率高,并具备全向识读能力,目前已被手机条码应用系统普遍采用。

利用手机条码实现对大型活动门票的管理,将使票务系统得到安全保障,同时也会极大地提高票务管理工作的效率,降低票务成本,提升客户服务质量。

7.2.5 条码在其他领域的应用

随着计算机和信息技术的发展,条码技术也进入了一个高速发展的时期。目前,条码技术除了上述介绍的几个领域之外,还在工业生产流水线、固定资产管理、物流配送、证件管理等多行业广泛应用,条码技术以其高效、便利、准确等优势,在国内外各产业中发挥着巨大的作用。

附　录

有关扫描识读的概念

1. 条码识读器（bar code reader）

识读条码符号的设备。

2. 扫描器（scanner）

通过扫描将条码符号信息转变成能输入到译码器的电信号的光电设备。

3. 译码（decode）

确定条码符号所表示的信息的过程。

4. 译码器（decoder）

完成译码的电子装置。

5. 光电扫描器的分辨率（resolution of scanner）

表示仪器能够分辨条码符号中最窄单元宽度的指标。能够分辨 0.15～0.30mm 的仪器为高分辨率，能够分辨 0.30～0.45mm 以上的为中分辨率，能够分辨 0.45mm 以上的为低分辨率。

6. 读取距离（scanning distance）

扫描器能够读取条码时的最大距离。

7. 读取景深（depth of field，DOF）

扫描器能够读取条码的距离范围。

8. 红外光源（infrared light）

波长位于红外光谱区的光源。

9. 可见光源（visible light）

波长位于可见光谱区的光源。

10. 光斑尺寸（dot size）

扫描光斑的直径。

11. 接触式扫描器（contact scanner）

扫描时需和被识读的条码符号作物理接触后方能识读的扫描器。

12. 非接触式扫描器（non-contact scanner）

扫描时不需和被识读的条码符号作物理接触就能识读的扫描器。

13. 手持式扫描器（non-contact scanner）

靠手动完成条码符号识读的扫描器。

14. 固定式扫描器（fixed mount scanner）

安装在固定位置上的扫描器。

15. 固定光束式扫描器（fixed beam scanner）

扫描光束相对固定的扫描器。

16. 移动光束式扫描器（moving beam scanner）

通过摆动或多边形棱镜等实现自动扫描的扫描器。

17. 激光扫描器（laser scanner）

以激光为光源的扫描器。

18. CCD 扫描器（charge coupled device scanner，CCD scanner）

采用电荷耦合器件（CCD）的电子自动扫描光电设备。

19. 光笔（light pen）

笔型接触式固定光束式扫描器。

20. 全方位扫描器（omni-directional scanner）

具备全向识读性能的条码扫描器。

21. 条码数据采集终端（bar code hand-held terminal）

是手持式扫描器与掌上电脑（手持式终端）的功能组合为一体的设备单元。

22. 高速扫描器（high-speed bar code scanner）

扫描速度达到 600 次/min 的扫描器。

参考文献

[1] 中国物品编码中心. 条码技术与应用 [M]. 北京：清华大学出版社，2003

[2] 中国物品编码中心. 商品条码应用指南 [M]. 北京：中国标准出版社，2003

[3] 中国物品编码中心，中国自动识别技术协会. 条码阅读设备技术规范与应用指南 [M]. 北京：机械工业出版社，2004

[4] 中国物品编码中心. 全球统一标识系统——EAN·UCC 通用规范 [M]. 北京：中国物品编码中心，2004

[5] 胡嘉璋. 全球产品分类应用指南 [J]. 条码与信息系统，2005

[6] 中国物品编码中心，中国自动识别技术协会. 中国自动识别技术年度报告 [M]. 北京：机械工业出版社，2005

[7] 矫云起，张成海. 二维条码技术 [M]. 北京：中国物价出版社，1996

[8] 王忠敏. EPC 与物联网 [M]. 北京：中国标准出版社，2004

[9] 矫云起等. 现代自动识别技术与应用 [M]. 北京：清华大学出版社，2003

[10] 郑文超等. 商品条码基础 [M]. 北京：中国标准出版社，2001

[11] 张成海，郭卫华等. QR Code 二维码——一种新型的矩阵符号 [M]. 北京：中国标准出版社，2000

[12] 中国物品编码中心. QR Code 二维码技术与应用 [M]. 北京：中国标准出版社，2000

[13] 中国物品编码中心. EAN·UCC 系统用户手册 [M]. 北京：中国物品编码中心，2003

[14] GB/T 17710-1999. 数据处理 校验码系统 [S]. 北京：中国标准出版社，1999

参考文献

[15] GB/T 12904-2003. 商品条码 [S]. 北京：中国标准出版社，2003

[16] GB/T 12905-2000. 条码术语 [S]. 北京：中国标准出版社，2001

[17] GB/T 14257-2002. 商品条码符号位置 [S]. 北京：中国标准出版社，2002

[18] GB/T 12907-1991. 库德巴条码 [S]. 北京：中国标准出版社，1991

[19] GB/T 12908-2002. 信息技术自动识别和数据采集技术条码符号规范 39 条码 [S]. 北京：中国标准出版社，2002

[20] GB/T 15425-2002. EAN·UCC 系统 128 条码 [S]. 北京：中国标准出版社，2003

[21] GB/T 16829-2003. 交插二五条码 [S]. 北京：中国标准出版社，2003

[22] GB/T 17172-1997. 四一七条码 [S]. 北京：中国标准出版社，1998

[23] GB/T 18284-2000. 快速响应矩阵码 [S]. 北京：中国标准出版社，2002

[24] GB/T 16827-1997. 中国标准刊号（ISSN 部分）条码 [S]. 北京：中国标准出版社，1998

[25] GB/T 12906-2001. 中国标准书号条码 [S]. 北京：中国标准出版社，2002

[26] GB/T 18127-2000. 物流单元的编码与符号标记 [S]. 北京：中国标准出版社，2001

[27] GB/T 16986-2003. EAN·UCC 系统应用标识符 [S]. 北京：中国标准出版社，2004

[28] GB/T 19251-2003. 贸易项目的编码与符号表示导则 [S]. 北京：中国标准出版社，2003

[29] GB/T 16830-1997. 储运单元条码 [S]. 北京：中国标准出版社，1997

[30] GB/T 18127-2000. 物流单元的编码与符号标记 [S]. 北京：中国标准出版社，2000

[31] GB/T 7027-2002. 信息分类和编码的基本原则与方法 [S]. 北京：中国标准出版社，2003

[32] GB/T 10113-2003. 分类与编码通用术语 [S]. 北京：中国标准出

版社，2003

[33] 中国物品编码中心网站．http://www.ancc.org.cn/

[34] Barcoding Inc. http://www.barcoding.com/information/barcode-history.shtml

[35] GS1. http://www.gsl.org

[36] Uniform CODE Council. http://www.uc-council.org

[37] 21世纪中国电子商务网校．http://ec2/cn.com

[38] 深圳矽感科技有限公司．http://www.syscantech.com.cn

[39] 上海龙贝科技企业．http://www.lpcode.com

[40] 上海先达条码技术有限公司．http://www.chinetek.com.cn